海から来た植物

黒潮が運んだ花たち

中西弘樹

八坂書房

ハマユウ(ハマオモト)
太い花茎の先端に多くの花を咲かせる。花は夕方になって開き、三日後にはしおれる

ハマゴウ
やや安定した砂礫浜にカーペット状に拡がる

ハマボウ
中心の赤い部分は蜜標、蛾はカクモンノメイガ

サキシマフヨウ
花は一日でしぼむが、初冬まで咲き続ける

グンバイヒルガオ
熱帯から亜熱帯の海浜に生育している(荒金正憲氏撮影)

ナンカイハマナタメ
熱帯から亜熱帯の砂浜に匍匐して生育する

ハマナタメ
砂礫浜や崖地につるを伸ばして生育する

ハマジンチョウ
冬から春にかけて花を咲かせる

イワタイゲキ
海岸の巨礫の間に生育し、多くの茎を出す

ハマナツメ
海水によく浮く果実

ツルナ
ほぼ一年を通して花を咲かせ続ける

ネコノシタ
ハマグルマ属の中ではもっとも北まで分布する

オオハマグルマ
ネコノシタ（左）に比べて葉や花が大きい

ハマユウ(ハマオモト)
下関市指定天然記念物「角島夢崎のハマオモト群落」(牧田里美氏撮影)

石垣島の海岸植生
汀線から内陸部に向かって植生が変化する

フヨウ
河川沿いに野生化しているのが見られる

イワタイゲキ
高潮線付近に帯状に生育する

ハマボウ
福岡県泉川の両岸にある大きな群落

ココヤシの果実の漂着
漂着果実の中ではもっとも大きくよく目立ち、沖縄の海岸ではふつうに見られる

ゴバンノアシの果実
碁盤の脚に似ていることから名づけられた

モダマの種子
漂着は江戸時代から知られている

ハマユウ(ハマオモト)の種子
長期間浮き続け、海流で散布される

ハマナタマメの発芽
海岸に漂着した種子から発芽した状態

目次◎海から来た植物——黒潮が運んだ花たち

第三部　生育地の絶滅と保全

はじめに

日本は周囲を海で囲まれ、しかも多くの島嶼からなる国である。したがって、自然も日本人の暮らしも、海からの影響を直接・間接的に受けながら形成され、維持されてきた。特に日本列島沿岸を流れる黒潮は、日本列島と熱帯とを結ぶベルトコンベアーであり、生物を含むさまざまなものを南方から運んできている。

私は小学生のときから植物が好きで、特に家が海岸近くにあったせいか、海岸植物には特別な想いがあった。ハマエンドウやハマヒルガオなど草丈が低いにも関わらず、大きく美しい花が咲くことや、葉が厚く光沢があるものなど、明らかに道端の草花とは違った特徴をもっていることに興味をひかれた。六年生になったときには、波打ち際から離れるにつれて、違った種類の海岸植物が帯状に群生していることを図に表したり、ハマボウフウの根の深さを確かめるために、スコップで自分の身長よりも深く掘ったこともあった。

中学生になったある日、ヤシの実が漂着しているのを海岸で発見し、それ以来漂着したココヤシやニッパヤシの果実を集めたこともあった。そんな少年時代の経験からか、大学院に進学してから海岸植生の生態を研究するようになり、全国の海岸を歩くようになった。それと同時に、再び漂着果実や種子を集めるようになり、ヤシの実以外にも、多くの果実や種子が熱帯から黒潮に乗って日本列島に流れてくることを知った。そして、それまで海岸植物の研究と漂着果実や種子の収集を無関係に捉えてきたものが、実は海流によって分布を拡大する、いわゆる海流散布を通じて密接な関係があることがわかってきた。

日本に見られる海岸植物の中に、南方から黒潮によって運ばれ、日本列島に拡がった海流散布植物が少なからずあり、その中でもっとも特徴的で、人々を魅了してきた植物は、ハマユウとハマボウである。ハマユウは東南アジアを中心に分布する熱帯植物であり、日本がその北限自生地である。ハマボウは日本産のハイビスカスであり、その仲間でもっとも北に分布する種であるし、塩湿地に生育する半マングローブ植物として、生態的にも熱帯から亜熱帯に見られる植物の特徴をもっている。さらにこの二つの植物は、山野に咲く花とは趣を異にした熱帯を感じさせる美しい花を咲かせ、それぞれ伝説もあり、民俗植物学的にも興味深い植物である。

ハマユウは万葉集にも詠われ、さらに源氏物語や枕草子など平安時代の多くの文献にも登場する千三百年の歴史をもつ植物である。また戦前から南日本の観光地を彩る花として植栽されてきた。一方、ハマボウが注目されるようになったのは、近年になってからであり、町おこしのシンボルとして、花の咲く初夏にはハマボウまつりや、さまざまなイベントが行われるようになってきたし、その分布や生態の価値が理解され、保全活動が盛んになってきた。

私は海岸植物の生態や海流散布について研究すると共に、この二つの植物に魅せられ、分布や生態ばかりでなく、それらの名前の語源や、記載の歴史、伝説、植物民俗などについても調べてきた。本書はこれら二つの植物を中心に、黒潮によって運ばれてきた日本の植物を総合的にまとめたものである。

本書の内容は三部からなる。第一部は日本の海岸に漂着する熱帯植物の果実・種子の紹介や、実際に海流で種子が運ばれ、南方から日本に分布を拡げた植物全般について、分布や生態、分類などについて解説する。第二部では、海流散布植物の代表であるハマユウとハマボウについて、その記載の歴史や名前の語源、民俗など、ハマユウとハマボウに関わる古くからの謎について明らかにしたことを説明する。第三部は野生生物種の絶滅の問題や、生物多様性、保全生物学といった最近の生物に関わる話題について、ハマユウとハマボウを例にして紹介する。

第一部　海流散布と日本の植物

1章　海流と漂流・漂着物

太平洋側の海岸に住む漁師たちは古くから黒潮という流れの存在を知っていた。漁師でなくとも、四国の足摺岬や紀伊半島南端の潮岬の先端から、眼前に広がる太平洋を眺めると、一定方向に強い流れがあることがわかる。船で沖に出れば、その流れを身をもって体験することができるであろう。

特に伊豆七島の御蔵島と八丈島の間を通る黒潮は、黒瀬川と呼ばれ、強い流れのため一つの難所とされていた。また、その流れによって運ばれてきた漂流・漂着物も、流れの元の方向から流されてきたことになる。

紀伊半島沖で船が遭難すると、多くは伊豆諸島方面に漂流していったことが難破船の記録などから知られているし、紀伊半島と伊豆諸島や房総半島とは、捕鯨の方法や、地名などについて共通点が多い。これは昔、紀州の漁民が船に乗って黒潮の流れにしたがって半ば漂流しながら、伊豆諸島や房総半島へ移住したことによると考えられている。

かつて海岸近くに住む人たちにとって、海辺に打ち上げられるものは、食料や生活物資として利用されており、漂着物は海からの贈り物であった。そしてそれらは西の方から流れてきたと思い、西の彼方に極楽があると信じられてきた。しかし、本草学者をはじめ、江戸時代でも学識のある人たちは、日本に見られないようなさまざまな珍しい物産が、西方ではなく南方の暖かい国から流れてくることを知っていた。

海流の流れの実体は、漂流・漂着物を通して理解されてきたといえよう。

漂流・漂着物から海流を知る

二〇〇六年七月下旬、長崎県をはじめ九州西北部の海岸に多量の流木が漂着した。どこから流れてきたのか、漂着した材の調査からは詳しいことはわからなかった。しかし、流木と同時に医療廃棄物や、ペットボトル、使い捨てライター、サンダル、くつ、リュックなどの生活物資も多く漂着し、それらの多くが中国製であることから、六月に中国南部を襲った台風によっておきた洪水によって、流されてきたと考えられた。ちょうどその季節は対馬暖流が強くなる時期であり、中国南部から流出した漂流物が、黒潮の西側に合流し、トカラ列島沖から対馬暖流に分かれ、運ばれてきたものと思われる。漂着物は海流の流れの一つの結果である。

海流はたえずいろいろなものを運んでおり、その一部が海岸に打ち上げられ、漂着物となる。したがって、漂着物がどこからどのように運ばれてきたのかを調べれば、海流の流れを知ることができる。自然現象でもそれがわかる場合がある。

一九二四年（大正十三）十月、八重山諸島の鳩間島付近の海域で海底火山が爆発した。爆発はかなり大きなもので、付近の海面は数海里にわたって軽石に被われ、やがて黒潮によって日本列島近海を北上し始めた。海洋気象台では軽石の漂流を調べることは、日本近海の海流のようすを知る上で参考になると考え、全国沿岸の各測候所と各県の水産試験場に対して調査に協力するように依頼した。その結果、軽石の漂流状況や海流の詳しいようすがまとめられた（図1）。

海流ビンによる調査

もっと積極的に人工的な漂流物を海に放流して、海流のようすを知ろうとする試みが古くから行われてきた。人工的な漂流物は、海流ビンと呼ばれるビンの中に返信用のはがきを入れ、海水が入らないように栓をしたものが使われてきた。海流ビンを船から海上に投入し、それを拾った人に場所や日付などを記入し、返送してもらうわけで、投入地点、漂着地点、経過日数などから海流の流れを判断する方法である。

日本で最初に海流ビンを使って海流図を描いたのは、中央気象台（当時は内務省地理局測量課気象掛）に勤めていた和田雄治である。彼はフランスに留学し、日本の海洋学がヨーロッパの国々に比べて遅れていることを知り、日本周辺の海洋調査の必要性を痛感した。帰国後、彼の努力によって水産調査委員会が設立され、明治二十六年から大正二年までの間に、日本周辺のいろいろな海域で海流ビンが投入された。その結果、日本ではじめての海流図ができあがったのであった。

その後も海流ビンを使った調査は行われ、単に海流の流れを知るばかりでなく、放流した稚魚の拡散など漁業資源の把握の基礎的研究にも使われている。また、海流ビンは重くて取り扱いに不便

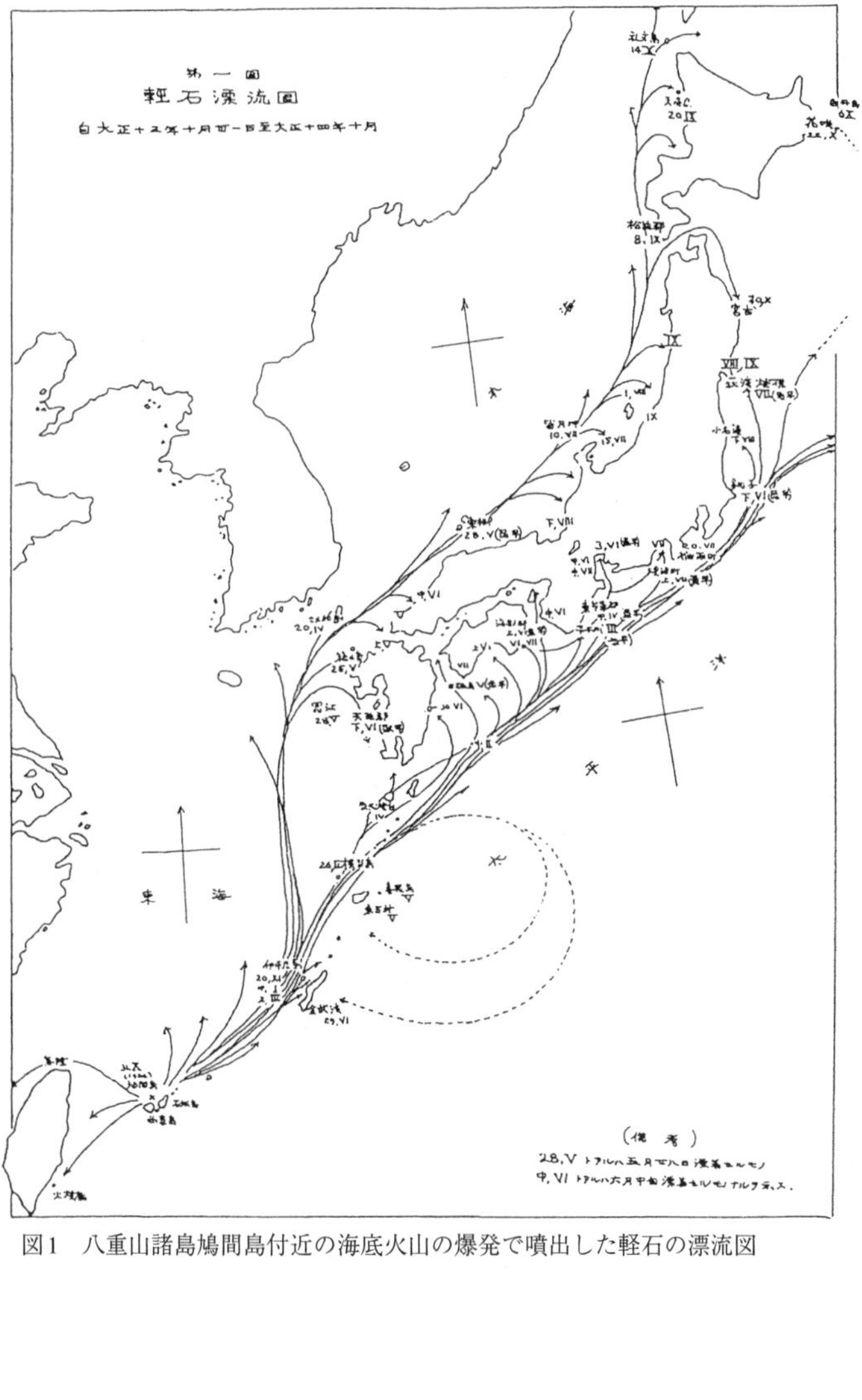

図1　八重山諸島鳩間島付近の海底火山の爆発で噴出した軽石の漂流図

で破損しやすいので、それに代わって厚手のビニール袋に返信用のはがきをいれた海流封筒と呼ばれるものも使われている。いずれも放流点と漂着点の二点間を物が移動した、すなわち流れがあったという事実は確かであるが、最短距離を流れたかどうかは、流速で判断しなければならない。流速よりも時間がかかった場合は、どのようなルートを通ったかは想像するほかはなかった。

漂流ブイによる調査

漂流物の途中の経路を明らかにする新しい方法が考え出された。それは途中の軌跡が追跡できるようにした漂流ブイによる方法である。つまり、漂流ブイからは電波が発信され人工衛星を使ってその位置が確認されるようになっている。漂流ブイは浮きさえすればどんな形でもよいわけではない。海上を吹く風の影響を最小にして、表層の海流に追従し流れるように工夫されている。すなわち、表面水温などのセンサーや、位置決定のために一定の周波数の電波を出す発信機、それらを動かすためのバッテリーなどを内蔵した表面ブ

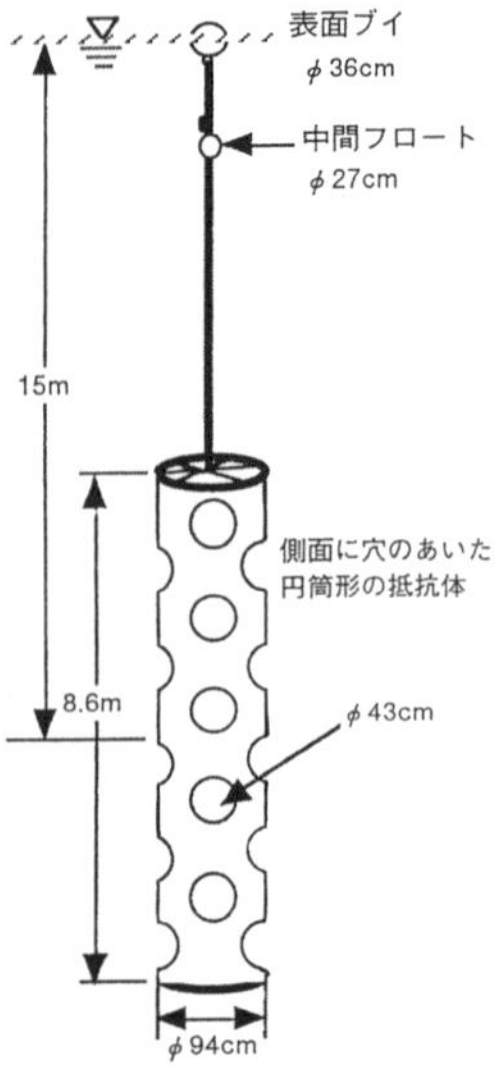

図2　漂流ブイの模式図（道田 1996）

イと、その下に水面下の抵抗体（ドローグ）が中間ブイを介してロープで接続されたものとなっている（図2）。抵抗体は長さ八・六メートル、直径九四センチメートルの円筒形布の側面に穴が開いたものである。

黒潮と日本周辺の海流

日本周辺を流れる海流は、暖流として黒潮（日本海流）とそれが分かれた対馬暖流、寒流として親潮（千島海流）とリマン海流が中学校の社会科や高校の地理の教科書に載っている。もっとも教科書では黒潮、親潮はそれぞれ日本海流、千島海流の別名としてカッコに入れられている。「潮」は満ち潮、引き潮のように干満によって移動する海水を表すことばとして使われているから、教科書では海流がついた名前の方がよいのかも知れない。しかし、歴史的に見ると「黒潮」が世界の文献に登場したのが、一六五〇年にワレニュスが表した『一般地理学（Geographia Generalis）』の中であり、「日本海流」は一九世紀になってペルガウスが出版した自然地図帳からである。

日本では今日まで日本海流と黒潮の両方の名前が教科書には用いられてきたが、一般には黒潮の名でとおっている。ここでも黒潮の名前を用いることにしよう。日本人の生活や文化、あるいは動植物相が南からの影響を受けてきたことを考えるとき、日本海流よりも黒潮の名前の方がイメージに合うような気がする。

黒潮は北赤道海流がフィリピン東方沖で西から北へ方向を変えたもので、地球の自転の影響で強力になっており、大西洋のメキシコ湾流と共に、世界の二大暖流となっている。北上した黒潮は台湾の東を通り、石垣島との間から東シナ海へと入る。東シナ海では、大陸の大河から流入した淡水が混じり、塩分濃度が低下する。東シナ海を北上した黒潮は、トカラ列島と屋久・種子島の間を通って太平洋側に出て、九州、四国、紀伊、東海南部沖を北東に流れ、房総半島沖まで進む。そこから向きを東に変え、日本列島を離れていく。ここからは北太平洋海流と呼ばれるようになる。

一方、トカラ列島の西部沖をそのまま北上したのが対馬暖流で、流量は九州東部に進んだ黒潮と比べると七分の一から八分の一程度と少ない。しかし、これがそのまま熱帯海域からの漂流物の量の違いを示しているわけではない。流量は海流の幅と深さが関係しているが、漂流物はごく表層の流れに影響されるだけである。したがって、対馬暖流は、流量の割に多くの南からの漂流物を北の方へ運んでいるといえる。

東シナ海を北上した対馬暖流は、対馬をはさむ朝鮮半島と九州本土の間の海域である朝鮮海峡と対馬海峡から日本海へ入る。そこから日本海沿岸沖を東北地方まで北上し、大部分は津軽海峡から太平洋側へ出るが、一部はそのまま北海道西部沖を北上する。しかし、このような対馬海流の流れは夏を中心としたもので、秋からは一定の流れはほとんどなくなる。したがって、日本海に入った

表1　漂着物の分類

自然物	動　物	海産動物	無脊椎動物	……ルリガイ、クラゲ
			脊椎動物	……イルカ、ハリセンボン
		陸上動物		
	植　物	海産植物	海　藻	……アオサ、ホンダワラ
			海産種子植物（海草）	……アマモ、ウミヒルモ
		陸上植物	果実・種子	……ココヤシ、モダマ
			植物体	……アダン、ホテイアオイ
	非生物			……軽石、珪化木
人工物	・材質による分類	プラスチック製		……ペットボトル、ビニール袋
		木　製		……家具や工芸品の壊れたもの
		ガラス製		……瓶、電球
		布　製		……衣類、リュックサック
		金属製		……空き缶
	・排出源による分類	生活ゴミ		……サンダル、ライター
		漁業ゴミ		……漁網、浮子
		産業ゴミ		……レジンペレット
		医療ゴミ		……注射器、点滴瓶

漂流物はしばらく停滞することになるが、冬期の北西季節風が吹くと、それによって生じた表層の流れによって日本海沿岸に多くの漂着物をもたらす。

漂着物の分類

漂着物の分け方はいろいろな方法があるが、まず大きく自然物と人工物に分けることができる（表1）。自然物はもともと自然界に存在しているもので、さらに生物（動物と植物）と非生物に分けられる。動物はふつう海産動物の死骸や殻が多いが、陸産や淡水産の動物も川から海に出て、漂着することも少なくない。植物では、海藻やアマモなどの海産種子植物が多いが、陸上の植物体や、浮く能力をもった果実や種子などがある。

非生物の代表は軽石であり、海底火山の爆発などで噴出したものである。そのほか、海底に存在していた珪化木や石炭、ヒスイなど、海水に浮かないものでも漂着していることが知られている。

人工物は複雑であるが、材質で分けるならば、木製、プラスチック製、ガラス製、布製、金属製などがある。木製は家具の壊れたもの、プラスチック製は日用品をはじめ、浮子《うき》や漁具、魚網などの漁業製品、さらに産業に関係のあるものなど、さまざまなものがある。ガラス製はビンや電球、医療廃棄物など、布製は衣類やリュックサックなどの日用品、金属製はふつう浮かないが、空き缶のように中が空洞になっていたり、浮くものがくっついていたりすると漂着してくる。

人工物はいってみれば廃棄物すなわちゴミであるので、その排出源によって、生活ゴミ、漁業ゴミ、産業ゴミ、医療ゴミなどに区分することもできる。生活ゴミは、人々が生活の中で使用したものが投棄されたもので、ペットボトル、使い捨てライター、空き缶、ポリエチレンの袋、たばこのフィルター、洗剤やシャンプーなど各種の容器、サンダル、くつなどさまざまなものがある。漁業ゴミは、漁網の浮子、網のちぎれた物、捕獲するための罠であるウケ、集魚用の電球などで、特に漁網の浮子は大きさや形、色などさまざまな種類がある。産業ゴミは工場などから直接出るゴミで、レジンペレットが代表的なものである。医療ゴミは注射器、点滴用のビン、薬のビンなどで、多くは海洋への不法投棄によるものと思われる。

漂着物の変遷—昔と今

漂着物は時代によってその種類や漂着量が異なっている。客観的な古いデータは残念ながらないので現在とは比較できないが、私が子供の頃、今から五〇年くらい前は自然の破壊も進んでいなかったので、圧倒的に自然物が多かった。冬から春にかけては、打ち上げられた海藻が堆積していたし、その中にはエボヤ、ウミウシ、魚やワレカラなど多くの海産動物が見られた。台風や季節風によって海が荒れると、多くの底生動物が打ち上げられたものであった。それらの漂着生物の構成や量は今とは大きく異なっている。その違いは沿岸の生物相の変化、すなわち自然環境の変化を示しているだろう。外洋に面した海岸であれば、流れ藻や遠くから漂流してきた海産動物も混じっているかも知れないが、内湾ではほとんどの漂着生物は沿岸海域に生息している生物に違いないからである。

陸上の森林の破壊は、景観的に捉えることができるため、ふつうの人でもその変化に気がつくが、海の中で起きている現象は、長年ダイビングをしている人でないと気がつかないであろう。もし、これらの漂着生物の調査資料があれば、その違いはきわめてはっきりと証明できる。人工物でもプラスチック製品が普及する前であったので、今とは全く異なり、木ぎれ、電球、ゴム製品ぐらいで、漂着した木ぎれはすべて燃料として持ち去られていた。

今の漂着物の種類はどうであろうか。海岸に行けば一目瞭然、すぐに答えはでる。

漂着ゴミの調査は、一九九〇年からクリーンアップ全国事務局（JEAN）が中心となって年二回、ビーチクリーンアップとして全国的に海岸のゴミ拾いが行われ、その中でゴミの種類と個数が規定の用紙に記入されている。その集計結果のまとめは毎年発行されている。それを見ると毎年いくらかの変動はあるが、タバコのフィルターと硬質プラスチックの破片が毎年一、二位を争い、次いで発泡スチロールの破片、プラスチックシートや紙の破片、ペットボトルなどの順となっており、プラスチックのゴミが圧倒的に多いことに驚かされる。これらのゴミのほとんどが個人や家庭で使った生活用品であるが、漁具などの漁業関係のゴミ、さらに注射器などの医療廃棄物なども見られる。

プラスチックは値段が安く、可塑性に富み、しかも軽くて腐らないなどの優れた性質をもっている。したがって、プラスチック製品は、家庭や企業などどこでもふつうに見られ、プラスチック製品なしでは生活できなくなっている。しかし、それがいったんゴミになった場合には、それらの優れた性質が、逆に困ったことになる。値段が安いことは、使い捨てにつながるし、腐らないことはいつまでもゴミとして残ることになる。また、軽いことは拡散につながり、海に出た場合には、海流に乗ってどこまでも流されてしまう。すでに西日本の海岸では、発泡スチロール製品の破片を中心としたプラスチック製のゴミが海岸に一メートル近くも堆積しているところもある。

2章　日本列島に漂着する熱帯植物の果実と種子——

熱帯の海岸に生育する植物の果実や種子が、黒潮に乗って日本列島に運ばれ、海岸に漂着することは古くから知られていた。海辺に住む人々は、海の彼方からはるばる流れてきた漂着種子に魔除けや薬効があるものと信じ、海からの贈り物とみなし拾い集めていた。漂着したココヤシの核である内果皮で容器を作ったという話は、西南日本の各地の漁村で聞かれるし、そのような容器は縄文時代の遺跡からも出土している。

江戸時代の本草書などの文献には、すでにココヤシ、ゴバンノアシ、モダマ、ニッパヤシなどの漂着が記されている。このように熱帯起源の漂着果実や種子は、古くから注目されていたにも関わらず、これらの科学的な研究は最近までほとんどなされてこなかった。

熱帯起源の漂着果実や種子にとって、日本本土の冬は寒すぎてたとえ発芽したとしても定着はできない。しかし、そのような性質をもっている植物は、海流で散布されるという証拠になるし、地史的な年代でみれば気候変動などによって今よりも暖かくなるのはありうることで、容易に分布を拡大することができる植物といえる。しかし、漂着してもすでに種子の中の胚が死んでいて発芽できないものもある。一般には漂着果実と種子は、生死に関わらず海流に乗って運ばれてきたものすべてがこれに含まれる。

この章では熱帯や亜熱帯に生育する植物の中で、その果実や種子が黒潮によって運ばれ、日本本土に漂着したものについて紹介する。

遺跡から出土したココヤシの果実

漂着物は今でこそ利用されることは少ないが、かつては海辺に住む人たちにとって重要な資源であった。海岸に打ち上げられた海藻や海産動物が食糧とされていたことは当然のことであるし、流木も燃料や資材として貴重なものであった。それ以外の漂着物も、生活物資としてさまざまな形で利用されていたに違いない。浜歩きは毎日の日課であり、見慣れないものが打ち上がっていると、必ず持ち帰っていたようである。例えばモダマの種子の漂着は珍しいものであるが、帯留めや印籠の根付けなどにして家宝として大切に伝えられてきた例は少なくない。

ココヤシの果実は外側から外果皮と呼ばれる薄い皮、繊維状の厚い中果皮、その中に核と呼ばれる堅い内果皮が発達している。その内果皮を取り出すと厚さ二～五ミリメートルの容器が簡単にできる。その容器は軽く、割れにくく、他のものに代用できない優れた性質をもっている。したがって、今でも熱帯の島々ではお碗などに利用されている。

以下に紹介するように日本各地の遺跡からココヤシが出土しているが（表2）、

表2　遺跡から発見されたココヤシの肉果皮

縄文前期	5500年前	福井県三方上中郡若狭町	鳥浜貝塚
縄文中期	4000年前	千葉県銚子市南小川町	粟島台遺跡
弥生中期	2100年前	長崎県壱岐市石田町	原の辻遺跡
弥生中期	2000年前	福岡県福岡市博多区	比恵遺跡
飛鳥時代	1600年前	島根県松江市	西川津遺跡

それを熱帯地域と交流があった証拠であるとみなすのは飛躍し過ぎで、古代人が漂着したココヤシの果実を拾ったことに由来するものであろう。そして外果皮をはぎ、核を取り出し、何らかの容器に利用していたに違いない。

福井県鳥浜貝塚は、縄文時代前期の低湿地遺跡として、これまでにない多くの遺物と、その結果さまざまな新しい事実が発見された。私は鳥浜貝塚において漂着物と考古学の重要性を、そこから発見されたヒョウタンの果皮の意義を中心に、その調査報告書（鳥浜貝塚研究グループ編一九八三『鳥浜貝塚―縄文前期を主とする低湿地遺跡の調査3』）の中に書いたことがある。その内容を裏付けるように、その後同じ遺跡からココヤシ内果皮の上部の破片四個分が出土した。出土した状態からはどのように利用されていたかは不明であるが、何らかの利用目的のために、漂着したココヤシから核が取り出されたものであろう。同じく縄文時代の千葉県銚子市粟島台遺跡からは核が半分に切られ、漆が塗られ加工されたものが出土している。

長崎県壱岐市原の辻遺跡では、弥生時代中期（紀元前二世紀）のココヤシの核（内果皮）が見つかった。この核は卵形で、笛として利用していたものとみられている。尖った方を下にして、直径四センチメートルの吹き口用の穴が上部に二か所あり、指で押さえる穴が前面に三か所、後面に四か所ある。同じく弥生時代中期の福岡県福岡市比恵遺跡からも核の上部が切られ、四つの穴が開けられたココヤシの容器が出土している。穴にひもを通して腰にぶらさげるようにして利用していたのであろう。島根県松江市西川津遺跡（四世紀）からは、核の上部を水平に切ったものが出土している。そのままでは底が丸く、倒れてしまうので、やはりひもで吊したのかも知れない。

江戸時代に記載された漂着果実と種子

江戸時代には日本の博物学である本草学が盛んになり、その中で、熱帯の国から南蛮貿易で入手した薬用になる植物やその果実について記載されていたが、後に海岸に漂着した珍しい動物や植物について調べられ、その正体が解明されていった。

もっとも古い記録は、遠藤元理《げんり》（一六八一）の『本草辨疑《ほんぞうべんぎ》』にニッパヤシと考えられる記載が次のようにある。「古紀牟也宇《こきむやう》またはウミヤシホともいう物、実なり扁にして一方尖り、毛多く内に仁あり、痔瘻《じよう》、疣疾《いぼじ》等に湯に煎じて用ゆ」。同じくニッパヤシの果実について貝原益軒《かいばらえきけん》（一七一五）の『大和本草附録』に「海椰子《うみやし》」の名をあげ、その解説に「海中所生藻実なり、其の形椰子に似て小なり、桃の大にて大腹皮の如なる皮あり、シャムロ国より来る病を治すと言う、その功詳にせ未」とある。ニッパヤシの果実が薬としてタイから伝えられたと思われるが、海に生える藻の実であると考えたのは、この果実が漂着したのを見たのであろうか。

江戸時代の百科事典である『和漢三才圖會《さんさいずえ》』（寺島良安一七一三）の中には、椰子（ココヤシ）、榼藤子《こうとうし》（モダマ）が記載されており、植物体と薬としての効能の解説はあるが、それらの果実や種子の漂着については触れられていない。豊田養慶《とよだようけい》編（一七六二）の『赭鞭餘録《しゃべんよろく》』の中で、ゴバンノアシの果実の漂着がはじめて記されている。本格的な漂着果実と種子の記載は、小野蘭山《らんざん》（一八〇三）によってなされた。彼の有名な著書『本草綱目啓蒙』の中に、「椰子、通名ヤシホ、津軽でトウヨシノミ」と記し、さらに「和産なし、熱国の産なり、実は四辺の海浜に漂着し来たる。故に四国、但州、佐州、奥州、若州の地にままあり」とある。

モダマについても「和産なし、此子古は紅毛より来る、今は然らず、蛮国より四辺の国海辺へ漂着し来る故に、佐州、若州、紀州、但州、土州、薩州、筑前等の国、その他諸州にあり、皆海藻中に混ず、故に拾い得るものあれば誤認て藻実とす。因て藻玉の名あり散点……」とある。ココヤシとモダマの漂着が記録された上記の地域は、今の調査で明らかにされた場所と大きな違いがないことに驚かされる。

紀州藩の小原良貴《よしたか》（桃洞《とうどう》）が著した『桃洞遺筆』には、文化二年（一八〇五）二月に「紀州熊野浦に大風雨があり、尾鷲浦辺へ榼藤子新鮮のもの多く漂着する。中には莢《さや》を有するものがあり、その長さ二尺余、幅三寸許」とある。モダマの果実は裂果であるので、熟すと果実は割れ、種子が落下するが、未熟な状態で莢（果実）がちぎれて流れてきたのであろう。

滝沢馬琴（一八一一）の『烹雑《にまぜ》の記』は佐渡のことが詳しく述べられているが、その中に「海辺に稀に流れよるもの四種。藻玉《もだま》、蛸船《たこふね》、巨葭《おおよし》、椰子。今按ずるに、藻玉一名榼藤子、一名猪腰子《ちょようし》、この物、蛮国より生ず」とある。モダマ、タコブネ（軟体動物）、オオヨシ（不明、ヨシの大きなものと考えればダンチクと思われる）、ココヤシが佐渡に漂着し、注目されていたことがわかる。

岩崎灌園《かんえん》（一八二八）の『本草図譜』には、ココヤシそのものの記載と植物本体や果実の図を載せ、その中に「この実諸国の海浜に漂流し拾い得ることあり、房州、豆八丈島、四国、佐渡等へ流れ来たるあり……」とある。またゴバンノアシについても紹介し、「これまた海浜へ漂着し形椰子に似て短く長さ三寸あまり、まわり五六寸四角かかって碁盤《ごばん》の脚《あし》に似たり、故にごばんのあしと名づく、これまた椰子の類」とあり、ゴバンノアシの漂着果実の図が描かれてある。

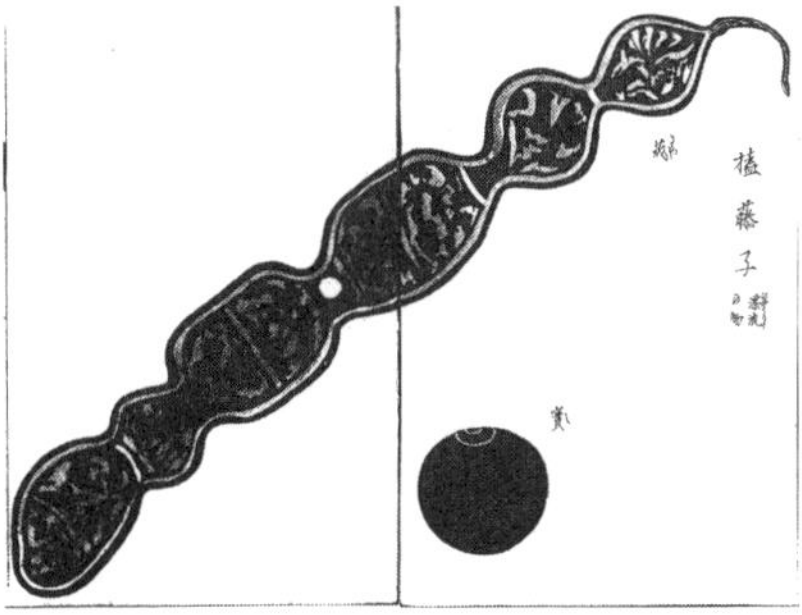

図3　『本草図譜』に描かれた漂着したモダマ

　モダマについては、「榼藤子　もだま」とし、「和産なし、その莢九州、四国辺の海浜に漂着する……」とあり、果実と種子の図（図3）を描いているばかりでなく、さらに漂着種子を発芽させ、幼植物を育ててその特徴を記載し、図示している。

　ワニグチモダマについても図入りで載せており、「これまた西国の海辺に漂着することあり、長莢の中に実がありもだまに似て平たく黒色、形芽の跡ありて形神前にこもる鰐口に似る、このもの植えてまた生に榼藤子より蔓細く、葉長大なりまた丸葉のものあり」とある。

以上のように江戸時代には代表的な漂着果実と種子の名前が明らかにされ、その漂着地域までが調べられていたことは、自然に対する知識や関心が高かったことを示している。しかし、その後、長い間これらに関する研究はほとんどなされてこなかった。

おもな漂着果実と種子

これまで熱帯や亜熱帯から黒潮に乗って運ばれ、日本本土に漂着した果実や種子は、数一〇種以上にものぼる。この中で、おもなものを以下に紹介しよう。

テリハボク *Calophyllum inophyllum* L.（オトギリソウ科）（図4—1）

マダガスカルから熱帯アジアをへて、南太平洋までの旧熱帯の海岸に分布する。日本では琉球列島と小笠原諸島に見られる。果実は直径二・五〜四センチメートルの球形で、外果皮ははがれやすい。外果皮が果実の頂部に繊維状に残った状態、あるいは全くはがれた状態で漂着する。中果皮はコルク質で軽く、色は白味がかった褐色、あるいは長期間漂流していたものは灰白色、表面は平滑である。また、海産動物によって開けられた小さな穴がたくさんあいている。
日本本土での漂着記録は、鹿児島、長崎、福岡、高知の各県である。

サキシマスオウノキ *Heritiera littoralis* Dryand.（アオギリ科）（図4―2）
東南アジア、ポリネシア、アフリカに分布し、日本では奄美大島以南の琉球列島に見られる。果実は楕円状球形または扁楕円体で、一つの稜《りょう》がある。果皮は繊維が緻密になったコルク質あるいは木質で、果実の内部に空所があり、軽くて浮きやすい。多くの漂着果実は、稜が風化し、繊維状となり、光沢がなくなっている。中には半分に割れたものもある。日本本土に漂着した果実の中には、琉球列島に生育するものの果実より大きなものがあり、これらは東南アジアから漂流してきたものであろう。
日本本土でも比較的広く漂着しており、長崎、福岡、山口、島根、高知、徳島、和歌山、愛知、静岡、神奈川、千葉、秋田の各県に知られている。

ハスノミカズラ *Caesalpinia globulorum* Bakh. fil. et van Royen（マメ科）（図4―3）
旧熱帯に広く分布する大型のつる植物で、枝や葉には鋭いトゲがある。日本では琉球列島南部の海岸林の中に生育している。果実は長楕円形で、長さ一〇～一二センチメートル、太い刺に被われ

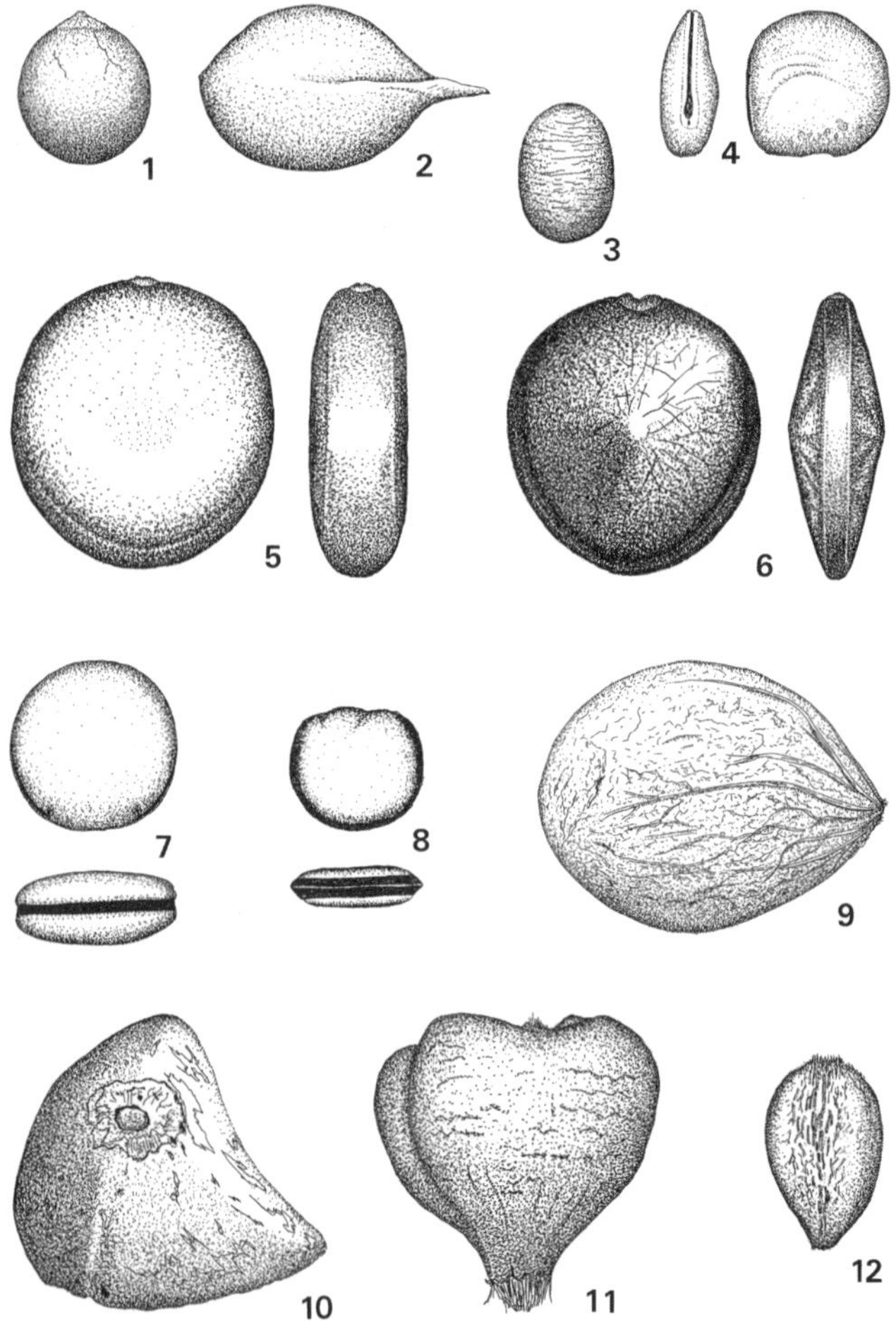

図4　おもな漂着果実と種子　1.テリハボク、2.サキシマスオウノキ、3.ハスノミカズラ、4.ジオクレア、5.モダマ、6.コウシュンモダマ、7.ワニグチモダマ、8.イルカンダ、9.タイヘイヨウクルミ、10.ホウガンヒルギ、11.ゴバンノアシ、12.サガリバナ

ている。中には種子が三、四個入っている。種子は楕円体で、黄色がかった灰白色をしており、長さ約一・二センチメートルである。同属の植物であるシロツブ *C. bonduc* (L.) Roxb.も同じように種子が漂着しているが、よく似ているため混同している。

日本本土での漂着記録はまれで、長崎、高知の各県である。

ジオクレア *Dioclea* spp.（マメ科）（図4—4）

種子は扁円形で、黒褐色、高さ二五〜三〇ミリメートル、幅三〇〜三五ミリメートル、幅一五〜一八ミリメートルで、下部が水平になっている。表面は波打ったようなしわがあるのが特徴である。この属に含まれる漂着種子は色や大きさから明らかにいくつかの種が発見されている。

モダマ *Entada* spp.（マメ科）（図4—5、6）

モダマの仲間は、長さ数一〇メートルにもなる大型のマメ科植物である。果実（莢）は大きく、長さ〇・五〜一メートル、幅七〜一〇センチメートルで、節があり、その中に黒褐色の種子が入っている。種子は楕円または円で、直径三・五〜五センチメートル、光沢があり、ひじょうに堅い。モダマの仲間、すなわちモダマ属（*Entada*）の植物は、世界の熱帯地域に一〇数種あり、その種子の漂着は古くから知られている。日本には屋久島と奄美大島にモダマ *E. phaseoloides* (L.)

Merr.と沖縄や石垣島、西表島にコウシュンモダマ *E. koushunensis* Hayata et Kanehiraが産し、漂着種子としてもこの二種を含む数種が漂着していると思われる。しかし、モダマ属の分類は十分研究されているとは言えないので、ここではこれらを含めてモダマとしてまとめて扱うことにする。

ワニグチモダマ *Mucuna gigantea* (Willd.) DC.（マメ科）（図4—7）

東南アジアを中心に西はインド、東は南太平洋、南はオーストラリア北部、北は八重山諸島までの範囲に分布する常緑の木本《もくほん》性つる植物である。果実は扁円形で、縦二二～二四ミリメートル、横幅二四～二八ミリメートル、厚さ九～一三ミリメートルで、臍の幅は一・四～一・九ミリメートルで、外周の五分の四以上を占める。色は朽ち葉色、茶色、焦茶色、濃赤茶色、黒色に近いものなどさまざまであり、まだら模様があるものなど変異が大きい。同じ属の他の種子に比べて本種は臍の幅が細く、しばしば溝状にへこむ傾向がある。

漂着種子は鹿児島、高知、和歌山、新潟（佐渡島）の各県に知られている。

イルカンダ *Mucuna macrocarpa* Wall.（マメ科）（図4—8）

別名クズモダマ。東ヒマラヤからミャンマー、タイ、インドシナ、中国南部、台湾、日本に分布する大型の木本性《もくほん》つる植物で、海岸に限らず内陸にも生育している。日本では琉球列島と鹿児島県馬毛島、大分県海部郡蒲江町に産する。種子は黒褐色で扁円形、径二二～三〇ミリメートル、厚さ七～一〇ミリメートルである。

漂着種子としてはあまり目立たないせいか、長崎県と和歌山県から知られているのみである。

タイヘイヨウクルミ *Inocarpus fagifer* (Parkinson) Fosberg（マメ科）（図4—9）

南太平洋、マレー半島などの熱帯の低地に生育し、大木となる。川沿いに生育しており、川の水によって海に運ばれたものが、漂着してくるのであろう。したがって、本種が海流散布するかどうかは不明である。果実は扁平な円形または広卵形、直径五～八センチメートル、幅三～四センチメートル、縁には竜骨状の突起がある外果皮ははがれやすく、数本の枝分かれした太い繊維が露出しているものもある。

日本における果実の漂着は珍しく、福岡、長崎、三重の各県で記録されている。

ホウガンヒルギ *Xylocarpus granatum* Koenig（センダン科）（図4—10）

東南アジアを中心に、西はインド、東は南太平洋に分布し、マングローブ林に生育する。果実は球形で、大きなものは直径二〇センチメートルにもなり、和名の砲丸（ホウガン）はこの果実の形状からきている。果実は熟すと裂開し、不規則な円錐状の種子の状態で散布される。日本ではこの漂着種子は破損しているものが多く、長期間生きたまま海水に浮かんでいることはないであろう。同じ属でニリスホウガン *X. moluccensis* (Lam.) Roem.もまれに漂着しているが、ホウガンヒルギよりもやや小さく、表面は平滑である。

ホウガンヒルギの日本本土での漂着記録は、鹿児島、長崎、福岡、山口、島根、石川、新潟、高知、徳島、和歌山、三重、愛知、静岡、神奈川、千葉の各県である。

ゴバンノアシ *Barringtonia asiatica* (L.) Kurz（サガリバナ科）（図4―11）

東南アジアから南太平洋の島々の海岸に広く分布し、海岸林を形成する中高木である。日本でも西表島と石垣島にまれに生育している。果実はやや平たい倒卵形で、上方は四角形まれに五角形、しばしば稜が発達する。大きさは一〇センチメートル前後で碁盤《ごばん》の脚《あし》と似ている。漂着果実の色は茶褐色から灰褐色で光沢がある。外皮はほとんどはがれ、繊維質の中果皮が露出しているものも多い。日本本土での漂着記録は、鹿児島、熊本、長崎、福岡、山口、高知、徳島、和歌山、三重、愛知、静岡、神奈川の各県からである。

サガリバナ *Barringtonia racemosa* (L.) Spreng.（サガリバナ科）（図4―12）

東南アジアからインド、南太平洋西部に分布し、日本では徳之島以南の琉球列島に見られる。果実は四角形を帯びた長楕円状卵形、長さは五～九センチメートル、日本に生育しているものは、熱帯に生育しているものより果実が小さく、長さは四～五センチメートルである。漂着果実は分布域では外果皮をもち、宿存萼《しゅくぞんがく》があるが、日本本土に流れてくるものは、繊維質の中果皮が露出しており、萼もなくなっているし、熱帯産の大きなものがほとんどである。

日本本土での漂着は、鹿児島、福岡、山口、静岡の各県に記録されている。

オオバヒルギ *Rhizophora mucronata* Lam.（ヒルギ科）（図5―1）

別名ヤエヤマヒルギ。ヒルギ科の中では分布がもっとも広く、東南アジア、アフリカ、南太平洋に分布し、日本では沖縄本島以南に見られる。ヒルギ科の植物は種子が離れる前に発芽し、胎生種子をつくる。そして実生がかなり生長した状態で親木から離れて海流に運ばれる。日本にはオオバヒルギ、オヒルギ、メヒルギの三種が産するが、その中でオオバヒルギがもっとも大きな胎生種子（幼根）をつけ、その長さは二〇～三〇センチメートルとなる。

これら三種の散布体は、分布域ではふつうに漂着しているが、日本本土ではこれまでオオバヒルギのみが山口、福岡両県から知られている。

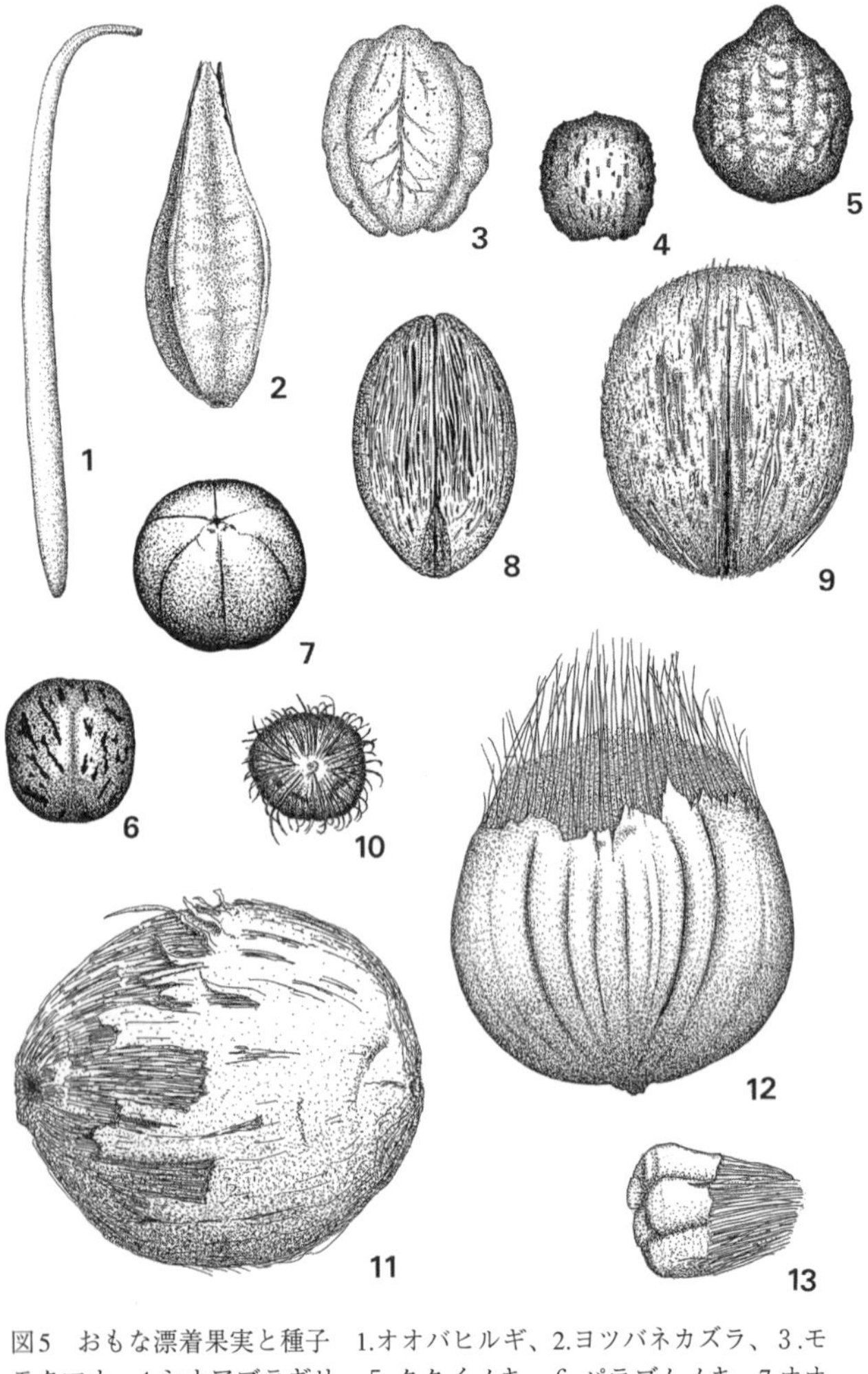

図5　おもな漂着果実と種子　1.オオバヒルギ、2.ヨツバネカズラ、3.モモタマナ、4.シナアブラギリ、5.ククイノキ、6.パラゴムノキ、7.オオミナンキンハゼ、8.ミフクラギ、9.オオミフクラギ、10.ハテルマギリ、11.ココヤシ、12.ニッパヤシ、13.アダン

ヨツバネカズラ *Combretum tetralophum* C.B. Clarke（シクンシ科）（図5―2）

東南アジアに分布し、海岸近くに生育する木本性《もくほん》のつる植物である。果実は長楕円体で、先端はやや細く長く伸びる。四つの稜があり、断面はやや正方形となる。長さ約五センチメートル、幅約一・五センチメートル、褐色をしている。

漂着は沖縄、鹿児島、山口の各県から記録されている。

モモタマナ *Terminalia catappa* L.（シクンシ科）（図5―3）

東南アジアおよび南太平洋諸島の海岸に生育する半落葉性の小高木で、葉はホオノキのように大きく、落葉する前には赤く紅葉する。日本では琉球列島南部に自生し、庭園木や街路樹として植えられている。果実は扁平な楕円体、長さ四～六センチメートル、幅二・五～四センチメートル。漂着果実はふつう外果皮がとれ、繊維状の中果皮の状態であったり、中には中果皮も風化し、コルク質が露出しているものもある。

日本本土における漂着はかつては少なかったが、最近は多くなった。これまでの記録は、鹿児島、長崎、福岡、高知、徳島、山口、京都、和歌山、三重、愛知、静岡、神奈川の各府県からである。

シナアブラギリ *Aleurites fordii* Hemsl.（トウダイグサ科）（図5—4）

中国揚子江中〜上流域を原産地とし、インドシナ、ビルマ、台湾などに野生化し、また世界各地の暖温帯域に植栽される落葉の高木である。果実はほぼ球形で、先端が尖り、直径三〜五センチメートル、中に三〜五個の褐色の種子がある。種子は楕円体で、三陵があり、長さ二〜二・五センチメートル、幅一・五〜二センチメートルである。表面には小突起が多い。ふつう漂着は種子が多いが、まれに果実のまま漂着することがある。しばしば多量に種子が漂着することがある。

沖縄、鹿児島、長崎、福岡、山口、高知、和歌山、愛知、静岡、神奈川などの各県に記録がある。

ククイノキ *Aleurites moluccana* (L.) Willd.（トウダイグサ科）（図5—5）

マレーシア東部原産の常緑高木で、大きいものは高さ二〇メートルにもなる。熱帯各地で広く栽培され、ハワイ、南太平洋、フィリピンなどに多く見られ、野生化している。漂着果実は黒色または灰褐色で、直径約二・五センチメートル、扁球形で、表面には凸凹が多い。ひじょうに堅くクルミの内果皮に似ている。しばしば藻類をはじめ、海産の下等動物が付着している。

沖縄、福岡、高知、愛知、千葉の各県に漂着記録がある。

パラゴムノキ *Hevea brasiliensis* Muell. Arg.（トウダイグサ科）（図5—6）

南アメリカのアマゾン地方原産の高木で、天然ゴムの原料として熱帯各地で栽培されている。日本への漂着は、東南アジアに栽培あるいは野生化したものからの由来であろう。種子は楕円状球形で、長さ二～三センチメートル、幅一・五～二・五センチメートル、縦に浅い溝があるのが特徴である。表面には暗褐色の不規則な斑模様があり、長い間漂流してきたものは風化して茶褐色となる。まれに果実の状態で漂着する。いずれも発芽能力はないので、海流散布されることはない。

漂着は、沖縄、福岡、和歌山、愛知の各県に記録されている。

オオミナンキンハゼ *Sapium indicum* Willd.（トウダイグサ科）（図5―7）

別名マーブルハセ。インド、マレー半島などの河口付近に生育する小高木であり、東南アジアでは漂着果実として珍しくない。果実は扁球形で、直径二～三センチメートル、六つの縦溝がある。和名のようにナンキンハゼの果実を大きくしたような形をしている。漂着したものは灰白色で、縦溝にそって割れやすく、しばしば半分になったものが漂着していることもある。

沖縄、長崎、福岡、山口の各県に漂着記録がある。

ミフクラギ *Cerbera lactaria* Ham.（キョウチクトウ科）（図5―8）

別名オキナワキョウチクトウ。東南アジア、台湾、琉球列島に分布し、海岸林や沿岸部の二次林に生育する。果実は形も大きさもニワトリの卵ぐらいである。すなわち、長さ四・五〜六・五センチメートル、幅三・五〜四・五センチメートルの楕円体をしている。外果皮は熟して黒色となるが、漂着果実はふつう繊維状で淡褐色の中果皮が露出している。中にはさらに繊維質がとれて中のコルク質が露出している状態のものもある。

分布域の琉球列島ではその漂着をよく見かけるが、日本本土では鹿児島、福岡、山口、高知、徳島、愛知、静岡、神奈川、東京（八丈島）、北海道に知られている。

オオミフクラギ *Cerbera manghas* L.（キョウチクトウ科）（図5―9）

インドから東南アジア、南太平洋に分布する。果実は直径六〜一〇センチメートルで、ほぼ球形、中果皮の外側は繊維質が発達し、内側はコルク質となり浮きやすい。しばしばミフクラギと混同されてきたが、ミフクラギはやや小さく、楕円体で、中果皮の繊維が細い。最近花屋で、観賞用に果実を鉢植えにし、芽が出た状態のものが、ケルベラの名で売られている。

漂着は琉球列島でもまれで、日本本土では鹿児島、福岡、山口、島根、愛知、静岡の各県に記録されている。

ハテルマギリ *Guettarda speciosa* L.（アカネ科）（図5―10）

熱帯アジアからポリネシア、オーストラリアの海岸に生育する小高木で、宮古島が北限である。果実は扁球形で、直径二〜三センチメートル、色は褐色、漂着果実はふつう繊維質の中果皮が露出している。長期間漂流していたものは、コルク質あるいは木質の内果皮のみとなる。

分布域の八重山諸島ではふつうに漂着しているが、日本本土ではまれで、高知と長崎の両県で漂着が記録されている。

ココヤシ *Cocos nucifera* L.（ヤシ科）（図5—11）

ココヤシは世界中の熱帯の海岸に生育し、白い砂浜とココヤシの林は熱帯の島の特徴的な景観をつくりだしている。果実は大きさ一五〜二五×一〇〜二〇センチメートル、紡錘形、卵形、楕円状球形、ほぼ球形などさまざまな形をしており、まれには細長い形のものもある。

漂着果実の中でもっとも大きくよく目立つため、古くから知られている。東北地方の太平洋側を除く、全国の海岸にその漂着が知られている。

ニッパヤシ *Nypa fruticans* Wurmb（ヤシ科）（図5—12）

東南アジアからインドに分布し、マングローブ湿地に生育する一属一種の変わったヤシである。まず茎は直立することなく、根茎となって這うし、果実は直径三〇センチメートルにもなる大型の集合果で、熟すとばらばらになって落下し、分果となって海流で運ばれる。台湾にはなく、西表島の河口に生育している。漂着果実は黒褐色で、先端部は繊維状の中果皮が露出している場合が多い。かつてはまれに一度に多量の果実が漂着したこともあったが、最近は東南アジアにおけるマングローブ湿地の開発のせいか、漂着することがまれとなった。

日本本土への漂着記録は、鹿児島、宮崎、長崎、福岡、山口、島根、石川、新潟、秋田、高知、徳島、和歌山、三重、愛知、静岡、神奈川、千葉の各県にある。

アダン *Pandanus formosana* Hemsley（アダン科）（図5―13）

熱帯アジア周辺に広く分布し、日本でも琉球列島の海岸にふつうに見られる。果実は大きさも形もパイナップルに似た集合果で、熟すとばらばらになって分果として散布される。分果は角張った倒卵形で長さ四～六センチメートル、下部は繊維だけとなっている。

アダンの分果は琉球列島の海岸に漂着する果実と種子の中でもっとも多く見られる。しかし果実らしい形をしていないため、漂着している木片などと混じっていると目立たないのか、日本本土での漂着記録はまれで、鹿児島、福岡、高知、京都の各府県から知られているだけである。

3章　海流散布の特徴と海流散布植物

地球は水の惑星と言われるように、地球の表面は、陸地よりも海の面積の方が約三倍も大きい。生命が誕生したのは海からだといわれるが、植物も動物も高等なものになるとほとんどが陸上生活をしている。すなわち植物では、シダ植物や種子植物、動物では両生類、は虫類、鳥類、哺《ほ》乳類がそうで、一部のものはペンギンやクジラのように、再び海の生活をするようになったものもいる。しかし、カエルやヘビのように、まったく海水では棲めないものもいる。

種子植物ではアマモやウミヒルモのような少数の海産種子植物、いわゆる海草や塩生植物のグループを除いて、海水は嫌いで、多くの陸上植物に海水をかけると枯死してしまう。いわば、陸上植物にとって海水は有毒なのである。したがって、海は分布拡大の障害となっており、それぞれの大陸で固有の植物が見られる。その一方で、大陸間で共通の植物も見られるし、中には世界中に拡がっている植物もある。これらの植物はどのような方法で分布を拡げることができたのであろうか。

この章では、種子散布のいろいろな方法と、その中で種子が海流で運ばれて分布を拡げる、いわゆる海流散布について紹介しよう。

散布体と散布の方法

どんな生物でも自分と同じ仲間を殖やす性質があるが、仲間が殖えると生活空間を拡げる必要がある。動物の場合は子供がある程度大きくなると、親元を離れて別の場所で生活するようになる。しかし、動くことができない植物は、種子ができたときが親植物から離れる唯一のチャンスで、いろいろな動くものの力を利用して拡がっていく。その方法を散布様式とか散布型と呼んでいる。

アサガオは種子が熟すと、果実が割れ種子がこぼれ落ちるが、どんな植物も種子の形で親植物から離れていくわけではない。アオギリの場合は子房の壁をつくっていた一つの心皮に数個の種子がくっついた状態で回転しながら落下する。鳥が好んで食べる木の実である漿果《しょうか》やドングリのような堅果《けんか》などは果実の状態で運ばれる。

タンポポは痩果《そうか》と呼ばれる果実に萼《がく》が変型した冠毛がついた状態で飛ばされる。さらにケヤキの場合は五センチメートルくらいの小枝の葉腋に数個の果実がついた状態で親植物から離れる。このように親植物から離れて散布される形はさまざまで、その散布の単位を散布体と呼んでおり、植物の種によって決まっている。この散布体はそれぞれの散布様式に適応した形をしていると考えられる。

散布様式は大きく次の五つに分けられる。

風散布

散布体が風に乗って飛ばされ運ばれる方法で、何よりも果実や種子が軽くなくてはならない。うまく風に乗りさえすれば遠くまで飛んでいくことができ、海を渡ることもできる。タンポポやススキなどのように冠毛や羽毛をもっているものや、カエデやクロマツのように翼をもっているもの、さらにほこりのように小さくかつ軽く、少しの風でも舞い上がるような微細な種子をつくるラン科植物のようなものがある。

水散布

湖沼や川、海などの縁に生育し、散布体が水の流れによって運ばれる方法と、雨滴の落下の力を利用して種子を飛ばす方法とがある。水の流れによって運ばれる方法は、散布体が水に浮く必要があるが、淡水と海水とでは全く条件が異なる。

淡水の流れによるものは、長期間浮き続けると海まで流れていってしまうため、短期間だけ浮くようなしくみがある。一方、海水に運ばれる方法は海流散布といい、途中で沈んでしまっては散布に役に立たないので、長期間浮き続ける必要がある。これについては後ほど詳しく解説しよう。

動物散布

果実が食べられて種子だけが消化されずに排泄されることによって拡がる動物被食散布と、動物の毛皮や羽毛に付着して運ばれる動物付着散布とがある。動物被食散布の果実は、鳥や哺《ほ》乳類に食べられるように果肉が発達しており、熟すと果実の色が目立つようになったり、香りを放つなど動物を誘引するしくみがある。動物付着散布は果実の表面にトゲやカギが発達していたり、粘液を分泌して付着しやすいようにできている。

自動散布

果実が突然裂開《れつかい》することによって自ら種子を飛ばす方法で、機械的散布とも呼ばれている。膨圧の変化によって裂開するホウセンカやツリフネソウなどと、乾湿運動によって裂開するフジやスミレなどがある。

重力散布

散布のために特別なしくみをもたず、重力によって落下するものをいう。トチノキやヤブツバキなど大きく重い種子をつけるものが多い。

海流散布植物

海流散布の第一歩は、種子が海に出なくてはならない。したがって、海岸に生育しているということが条件となるが、中には内陸に生育している植物であっても、その種子が海流で運ばれることがある。多くの川は海に注いでいるので、雨水などで種子が川に出ればいいわけである。浮く能力さえあれば、あとは川を下り、大海に出て、海流で運ばれることになる。

実際に海岸には明らかに川から流れてきた多くの種子や果実が打ち上げられている。よく見かけるものに、ドングリやヒシ、クルミ、ジュズダマなどがあるが、そのほとんどは全く発芽しないので、散布が成功したとはいえない。しかし、オニグルミは打ち上げられた堆積物の中で発芽し、幼個体となっているのを見かける。さすがに海岸植物ではないので、そこでは大きく成長することはないが、高潮で運ばれたのか海岸近くの林の中でかなり大きくなった個体を見たことがある。

また、海岸のきびしい環境にも耐えて完全に定着しているものもある。ママコノシリヌグイやオヤブジラミなどは西南日本の礫《れき》海岸にふつうに見られ、そこで繁殖しているが、もとは種子が川から流れてきたものであろう。

熱帯から亜熱帯に分布するモダマの種子は日本列島にも流れてくるが、この植物は本来海岸の植物ではない。しかし、熱帯に行くと海岸林の中にも生育していることがあり、この植物も川から海へ進出したものであろう。しかし、全体から見るとこのような植物はまれで、海流散布植物の大部分は海岸植物であるといえる。

海流散布植物の分布

海流で散布される植物の分布を世界的に見ると、熱帯や亜熱帯の地域に多く、温帯や亜寒帯などの寒冷な気候帯では少ないことがわかる。もちろん、亜寒帯にもハマハコベやハマベンケイソウなどは海流で散布されると考えられるが、種数の上からは熱帯の方がはるかに多い。特に木本《もくほん》植物と

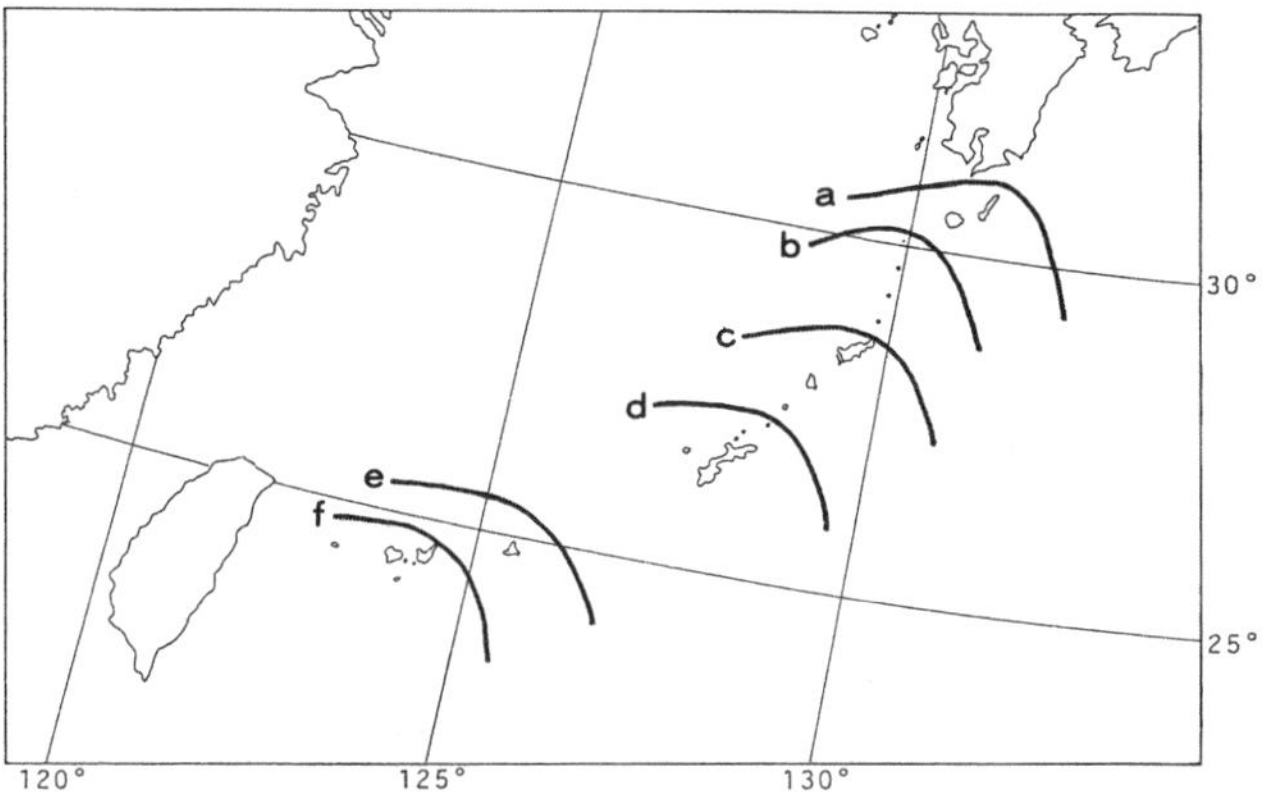

図6　熱帯から分布する海岸林構成種の北限線
a. オオハマボウ、イボタクサギ、クサトベラ、モンパノキ、b. アダン、
c. ミフクラギ、クロヨナ、d. ハスノハギリ、e. ハテルマギリ、f. ゴバンノアシ

なると、ほぼ熱帯と亜熱帯に限られる。例えば日本の海岸林の構成種を考えてみよう。

東北地方南部以南の暖温帯では、トベラ、マサキ、マルバシャリンバイ、オオバグミ、ハマヒサカキなどからなる低木林が発達しているが、これらの果実は鳥に食べられ散布される植物である。

暖温帯に分布する海流で散布される木本植物に、塩湿地やその周辺に生育するハマボウ（関東地方南部まで）、ハマナツメ（東海地方まで）、ハマジンチョウ（九州西部まで）があるが、それほどふつうに生育しているわけではない。しかし、亜熱帯である琉球列島の海岸林になるとオオハマボウ、アダン、ハスノハカズラ、テリハボクなど多くの海流散布植物で構成されている。しかもこれらの海岸林を構成している種数は、琉球列島の北部に行くほど少なくなる（図6）。すなわち木本《もくほん》の海流散布植物は、熱帯が中心で、亜熱帯から暖温帯へ高緯度になるにつれて少なくなっている。

さらに琉球列島の塩湿地にはマングローブ植物が生育している。マングローブ植物は世界の熱帯と亜熱帯の塩湿地に生育する木本植物で、気根《きこん》や支持根《しじこん》、胎生《たいせい》種子をつけるなど特異な形態をしているが、すべて海流散布植物とみなすことができる。

日本では八重山諸島にメヒルギ、オヒルギ、オオバヒルギ(ヤエヤマヒルギ)、マヤプシギ、ヒルギモドキ、ヒルギダマシの六種が、沖縄本島にはメヒルギ、オヒルギ、オオバヒルギ、ヒルギモドキの四種が、徳之島にはメヒルギ、オヒルギの二種が、種子島や屋久島ではメヒルギ一種が見られる。国外では、台湾に六種、フィリピンに二〇種が知られており、インドネシアには数一〇種が産する。熱帯から高緯度になるにつれて少なくなることがはっきりしている。

分布の拡大

海流によって散布される植物は、現在の分布圏を海流に依存して拡大したわけであり、海流の流れの源をたどれば、その植物の分布の起源がわかると考えられる。

赤道周辺には、北赤道海流や南赤道海流、赤道反流など緯度とはほぼ平行の流れが西へも東へも流れている。海流の方向と海流散布植物の分布について研究したリドレーは次のように考えた。

東南アジアを起源とする海岸植物は、これらの海流で東の方へミクロネシアをへてポリネシアまで、また西の方へインド洋に浮かぶモルジブ諸島、ラカディーブ諸島、マスカリン諸島などをへて東アフリカへと拡大していった。このような植物にはテリハボク、ワニグチモダマ、ハマアズキ、シイノキカズラ、ナンテンカズラ、モモタマナ、サガリバナ、マヤプシギ、キダチハマグルマ、イボタクサギ、ミツバハマゴウ、ヒルギダマシなどがある。

また、インドを起源として東の方へ拡がったものにハスノハギリ（西へは東アフリカまでも）、ハマユウなど、オーストラリアから拡がったものにモクマオウ、スナヅル、クサトベラ、ツキイゲなど、ポリネシアを起源として西の方へ拡がったものにゴバンノアシ、ハテルマギリなど、まれではあるが南アメリカを起源として西の方へポリネシア、東南アジアへと太平洋を横断して拡がったものにイソフジなどがある。

そしてこれらの植物はさらに黒潮に乗ってフィリピンから台湾、琉球列島へと拡がっていき、琉球列島はこれらの植物の北限となっている。したがって、琉球列島に生育する海岸植生は南部ほど東南アジアやミクロネシアの海岸に見られるものと共通なものが多くなっている（図7）。

一方、同じ気候帯であっても、分布の中心から海流が流れていないと海流散布植物は拡がっていきにくいことになる。図8は西太平洋のマングローブ植物の種数の分布と海流との関係を描いたものである（Woodroffe 一九八七）。東南アジアから東に向けて種数が少なくなり、ソロモン諸島で

図7　琉球列島の海岸植生

は約二〇種、フィジーでは七種、サモアでは四種が分布しており、それより東部にある島々には分布していない。これは南太平洋では海流が東から西へと流れており、東南アジアの多くの海流散布植物は、この流れに逆らって東へ分布を拡大することが難しいといえる。漂着果実や種子でも同じことで、ニッパヤシやパンギウム(*Pangium edule*)、ジオクレア(*Dioclea javanica*)、クズモダマ属の一種(*Mucuna urens*)など琉球列島や日本本土で見つかるものが、フィジーでは見られない。

散布体が長期間生きたまま海水に浮き続けることができ、容易に分布を拡げることができるならば、その植物はいくつかの海流を乗り継いで、世界中の生育可能な地域へ分布を拡げていくことになる。

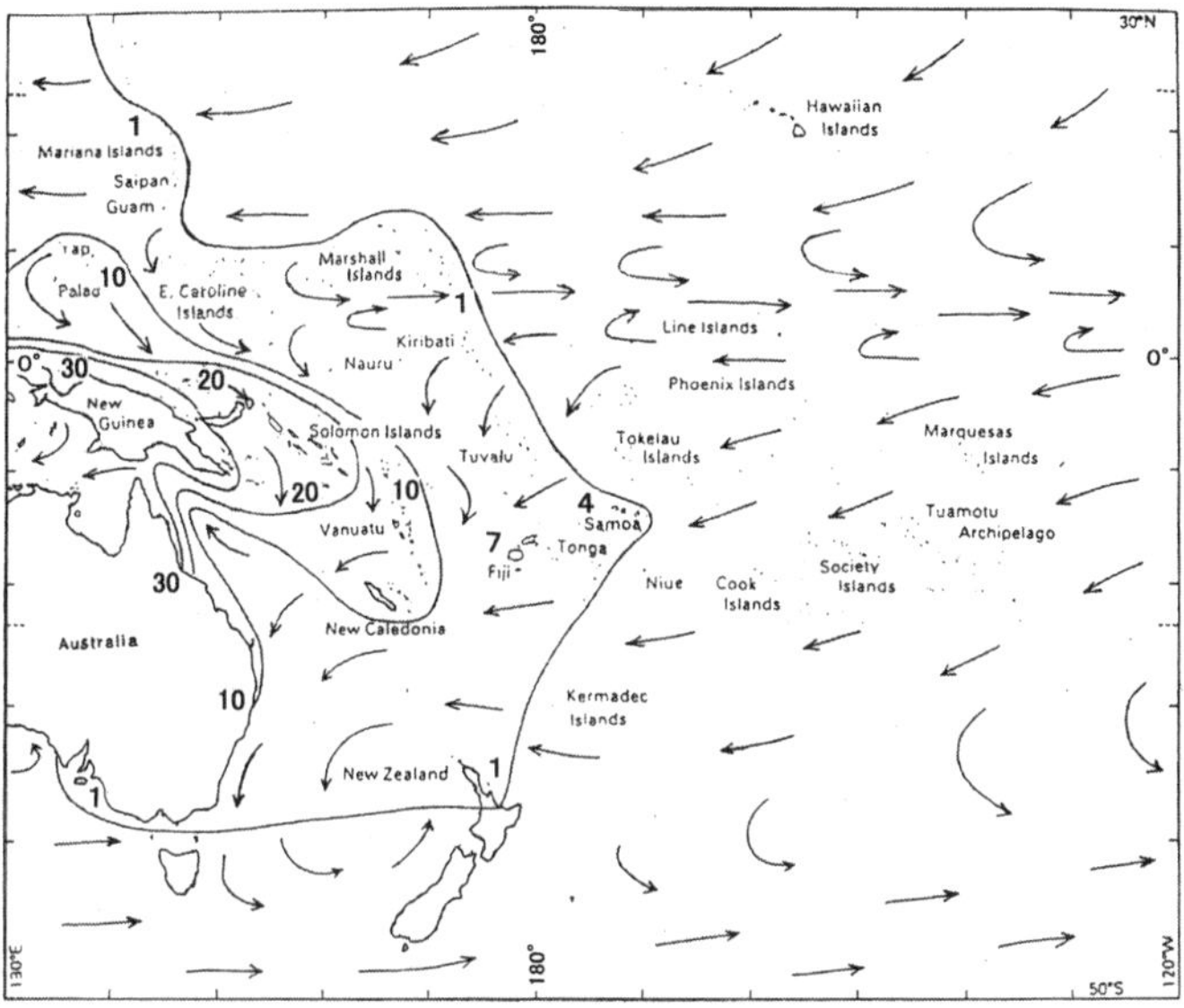

図8　西太平洋におけるマングローブ植物の種数分布と1月の海流（Woodroffe 1987を改変）

世界中の熱帯に広く見られるものを汎《はん》熱帯種というが、この中にはココヤシ、グンバイヒルガオ、オオハマボウ、サキシマハマボウなど海流散布植物も少なくない。

散布体の特徴

海流散布される植物の散布体は、果実であったり、種子であったり、あるいは果実の一部であったりする。ヒルギ科などのマングローブ植物のように幼根のものもある。果皮自身が浮く構造をしているものは、もちろん果実の状態で散布されるが、マメ科植物の場合、モダマやシロツブなどは果実が熟すと割れる裂果《れっか》で、種子の状態で散布されるが、クロヨナやナンテンカズラなどは熟しても割れない不裂果であるので、果実（莢《さや》）の状態で散布される。

海を渡って散布されるには、風に乗るか、鳥に食べられるか、または鳥の体に付着するか、海流に浮くかのいずれかの方法によって運ばれる必要がある。この四つの方法の中で、散布体の形態、とくに大きさについて考えてみよう。

まず風散布は軽くなくてはならない。したがって、大きさにも限度がある。鳥散布も食べられたり、付着するには一定の大きさ以下でないと不可能となる。しかし、海流で散布されるには後から述べるように海水に長期間浮くことがもっとも重要な条件で、浮きさえすれば大きさは問題とならない。むしろ浮くための構造を発達させたために大型のものが多い。木本《もくほん》植物ではココヤシ、草本《そうほん》植物ではハマユウがその代表である。

ハマユウの散布体は種子で、その大きさは直径三センチメートルもあり、草本植物の種子としては異常に大きいといえる。北方系の植物の中ではスナビキソウがある。高さ一五～二〇センチメートルの小型の草本であるが、果実の直径は一センチメートル近くもあり、果皮はコルク層をもち浮きやすくなっている。

海流で散布されるためには、散布体が長期間海水に浮き続ける必要がある。ココヤシ、モモタマナやモダマの一種のエンタダ・ギガスは少なくとも二年以上浮いているし、私はコウシュンモダマの種子を一年以上浮かせておいた後、発芽したことを確かめている。海流によって遠距離まで運ばれる散布体は明らかに浮くための特別な組織が発達している。

浮くための構造の中でもっとも著しいものは、果実に繊維質あるいはコルク質が発達しているものである。とくにココヤシ、ニッパヤシ、ゴバンノアシ、ミフクラギなどの果実は大きく、繊維質とコルク質の両方からなる果皮をもち、海流散布に適応した形態をしているといえる。キダチハマグルマ、モンパノキ、クサトベラなどは果実が小さいのにも関わらず、コルク質が発達し浮きやすくなっている。

マメ科をはじめ、トウダイグサ科、ヒルガオ科、アオイ科に属する海流散布植物の種子は、種皮が堅く、海水の浸透を防ぎ、全体の重さが軽くなっている。浮力のもとは、胚自身が軽いことや空所があることで、その空所も子葉のあいだにある間隙や、胚《はい》や胚乳《はいにゅう》が種子全体を満たしていないものなどがある。

散布体の中には、上に述べた浮くための一つの構造だけではなく、いくつかの構造が組み合わさってできているものがあり、簡単に一つの構造だけにもとづいて海流散布体を分けることはできない。ココヤシは繊維質やコルク質の果皮をもっているばかりでなく、内果皮は堅く海水の侵入から胚を守っており、内部の空所は浮力をつけている。またグンバヒルガオは種子内部に空所をもっているばかりでなく、表面に毛が密生し、水をはじくのに役立っている。

日本の海流散布植物

海岸植物は、生育立地によって海浜（砂礫《されき》浜）植物、塩生《えんせい》（塩湿地《えんしっち》）植物、海岸崖地《がけち》（岩石海岸）植物、海岸林植物などに分けることができる。そのうち海浜植物は、ほかの立地に生育している海岸植物よりも果実や種子が大きく、海流散布に適した植物が多い。

4章で詳しく述べるようにハマユウは草本《そうほん》植物としては、もっとも大きくて重い種子をつける。ハマナタマメやツルナも平均的な草本植物の散布体重の一〇倍以上の重さである。ハマエンドウ、ハマヒルガオ、ハマダイコン、ハマボウフウ、コウボウムギなども草本植物としては、散布体が大きく、海流散布に適応した結果だと考えられる。

塩生植物の散布体は、草本植物の平均的な散布体重をしており、ごく短期間だけ浮くことができるものが多く、海岸沿いに分布を拡げることはできるが、海流による長距離散布はできないであろう。海岸崖地植物は風衝地であるため風散布が多く、軽い散布体重をしている。海岸林植物はすでに述べたように、本土では鳥散布、琉球列島では海流散布するものが多い。草本植物の散布体は一般に小さく、多くの種類について散布様式は明らかにされていない。しかし、海流散布に適応した散布体は、浮くための構造が発達しており、大きいので容易にそれとわかるものが多い。

日本には変種も含めて約二八〇種の海岸植物が産するが、その中で少なくとも五分の一ぐらいは海流散布植物とみなすことができる。そのうち先にあげたハマエンドウ、ハマヒルガオ、ハマボウフウ、コウボウムギなどの海浜植物は、琉球・九州から北海道までの海岸に広く分布している。

本来熱帯に分布の中心をおき、黒潮によって日本まで分布を拡げたと思われる植物は、亜熱帯である琉球列島の海岸にはふつうに見られ、種類も多い。さらに日本本土まで拡がったものは、ハマユウ、グンバイヒルガオ、ハマジンチョウ、ハマゴウ、ネコノシタ、ハマボウ、ハマナツメ、ハマナタマメなどがある。これらは6章で詳しく紹介することにしよう。

海流散布の進化

散布様式には大きく五つの方法があることを述べたが、この中でもっとも原始的な方法は風散布と考えられる。その理由は下等なコケ植物やシダ植物の胞子はすべて風によって散布されることや、裸子植物も多くが風によって散布されるからである。また、樹木について世界的な分布を見ると冷涼な気候帯では風散布植物が多い。陸地が多い北半球で考えれば、風散布植物は後から熱帯域で進化した植物に北方へと追いやられたとみることができる。それに対して動物散布はより温暖な気候帯に多く、風散布よりも後から進化したと思われる。では、海流散布植物ではどうであろうか。

すでに述べたように海流散布植物は亜熱帯や熱帯に多い。したがって、他の散布様式よりも新しい散布の方法といえるかも知れない。

海流散布植物の生育地は、ほぼ海岸地帯に限られるが、熱帯の海岸ならばどこでも同じように海流散布植物が多いわけではない。世界中の熱帯植物の散布様式がわかっているわけではないが、各地の漂着果実や種子はかなり研究されている。その結果を比較すると、アフリカ大陸や南米大陸のような大陸の海岸には比較的少なく、東南アジアや西インド諸島のような島の多い地域に海流散布植物が多いといえる。マングローブ植物の種数もはっきりとそれを示している。

東南アジアや西インド諸島の島々は、最初から島ではなく、大陸の一部であったものが、島になったり、また陸地として一部がつながったりしながら、今のような島々ができあがったもので、その過程で、海流散布が進化していったと考えることができる。

4章　熱帯から拡がったハマユウ

真夏に咲くハマユウを見ると、日本の山野に生育する植物とは趣を異にし、何となく熱帯の植物のイメージを抱く。実際にハマユウは後述するように種としては東南アジアの熱帯域を分布の中心とする植物である。

日本では古くからハマユウの分布の北限を結んだ線が、年平均気温一五℃および年最低気温平均マイナス三・五℃の等温線とほぼ等しいということが明らかにされ、この線はハマオモト（ハマユウ）線と名づけられた。その名前はよく知られ、多くの本に紹介されてきた。しかし、熱帯を起源とするハマユウが、なぜ冬の寒さに耐えることができ、温帯域まで分布を拡げることができたのか、また、逆に灼熱の夏の海岸でもしおれることなく、大きな葉を茂らせることができるのか、なぜハマユウは群生することができるのかなど、この章ではハマユウの分類、形態、分布、生態などの謎を解き明かすことにしよう。

ハマユウの仲間とその分類

ハマユウの仲間は世界の熱帯や亜熱帯を中心に多くの種類があり、これまで一〇〇年以上も前につくられた分類体系が用いられてきた。最近になってようやく詳しい研究と分類の再検討がなされるようになった。

ハマユウはヒガンバナ、スイセン、アマリリスなどと同じヒガンバナ科（Amaryllidaceae）の植物である。これらの植物の共通点は植物の知識が少しある人ならばすぐにわかるであろう。すなわち、株元から線形の葉を多数出すこと、さらに一本の花茎の先端が多く分かれ（小花梗《しょうかこう》と呼ばれる）その先にそれぞれ花をつける、いわゆる散形花序《さんけいかじょ》をつけるという特徴がある。しかし、タマスダレやサフランモドキなどのように、一本の花茎《かけい》に一個の花をつけるヒガンバナ科もある。いずれも、花の形はよく似ており、花被片《かひへん》（花弁《かべん》と萼片《がくへん》の区別がつかないもの）は六枚でよく発達し、ユリのような美しい花である。ユリ科と大きく違う点は、花被片の付け根よりも下に果実をつける子房下位《しぼうかい》であることである。

ヒガンバナ科は世界に六五属もあり、日本で見られるものにアマリリス属（*Amaryllis*）、ハマユウ属（*Crinum*）、スイセン属（*Narcissus*）、ヒガンバナ属（*Lycoris*）などがある。これらの属（Genus）をいくつかのグループ、すなわち連（Tribe）と呼ばれる分類単位にまとめることができる。連とは、科（Family）と属の間の分類階級の単位で、ふつうあまり使われないが、一つの科に多くの属が含まれる場合には用いられる。

ヒガンバナ科の中ではアマリリス属（*Hippeastrum*）、アモカリス属（*Ammocharis*）、コーリエ属（*Corrye*）、ハマユウ属（*Crinum*）、ヒメヒガンバナ属（*Nerine*）などがアマリリス連（Amarylleae）としてまとめられている。

ハマユウ属（*Crinum*）は一七三七年にリンネが命名したもので、ギリシャ語のCrinosに由来することばで、それは彗星の尾、あるいは垂れた髪の毛を意味する。ハマユウ属植物の白い花被片が長く垂れているのを彗星の尾に見立てた命名である。

ハマユウ属の分類はヘルバート William Herbert（一八三七）や、ベイカー J. G. Baker（一八八八）によって行われ、長い間、彼らの分類体系がそのまま用いられてきた。しかし、それらの分類体系は少数の標本と、海外からもたらされた栽培種を中心に分類されたものであり、最近になってハマユウ属の詳しい分類の検討がなされ、新しい分類体系をつくることが試みられている。

ハマユウ属植物の分布は広く、中央から南アフリカ、インド、アジア、オーストラリア、南北アメリカの熱帯から亜熱帯に分布する。ハマユウ属は南アフリカを起源とし、原始的なタイプはイグサのような細い葉をもち、湿地に生育していたが、地球が乾燥化するにつれて、海岸に適応していき、海流散布によって拡がったものと考えられている。

属の下の分類単位はふつう種であるが、科と属の間に分類単位を設けたように、属と種の間に亜属（Subgenus）や節（Section）、列（Series）などを設けることもできる。古くからハマユウ属は以下に示す三つの亜属に分けられている。

1 ステナスター（*Stenaster*）亜属……花は放射相称、花筒がまっすぐで、花被裂片《かひれっぺん》は線形で、伸長する。

表3　ハマユウの分類

種子植物門　Division Spermatophyta
　被子植物亜門　Subdivision Angiospermae
　　単子葉植物綱　Class　Monocotyledoneae
　　　ユリ亜綱　Subclass Liliidae
　　　　ユリ目　Order Liliales
　　　　　ヒガンバナ科　Family Amaryllidaceae
　　　　　　アマリリス連　Tribe　Amarylleae
　　　　　　　ハマユウ属　Genus *Crinum*
　　　　　　　　ステナスター亜属　Subgenus *Stenaster*
　　　　　　　ハマユウ　*Crinum asiaticum*

2 クリヌム（*Crinum*）亜属（プラチアスター*Platyaster*亜属）……花は放射相称、花筒《かとう》はまっすぐで、花被裂片は披針形で、伸長する。花糸《かし》は伸長する。

3 コドノクリヌム（*Codonocrinum*）亜属……花は左右相称、花筒は曲がり、トランペット形、花被裂片は広披針形《こうひしんけい》である。

種としてのハマユウ*C. asiaticum*はステナスター（*Stenaster*）亜属、アシアティカ（*Asiatica*）列に属し（表3）、いくつかの変種に分けられている。中国南部、台湾にはタイワンハマオモト（var. *sinicum* Roxb.）、ベンガル湾沿岸とハワイに一変種（var. *procerum* (Carey) Herb.）、オーストラリア、ニューギニア、ミクロネシア、ココス諸島に一変種（var. *pedunculatum*（R. Br.）Hooker Prod.）、日本に一変種（var. *japonicum* Baker）が分布している。

一九三〇年、中井猛之進によって小笠原諸島に産する大型のハマオモトは、オオハマオモト*Crinum gigasu*として新種発表された。後に、中国南部や台湾に分布するタイワンハマオモト（*C.*

asiatica var. sinicum）と同じものであることがわかった。タイワンハマオモトは日本では小笠原諸島ばかりでなく、八重山諸島の与那国島《よなぐにじま》にも産することになっている。日本本土に分布するハマユウ（*C. asiaticum* var. *japonicum*）とは大きさだけの違いで、はっきりと区別できない。

植物体と花の形態

ハマユウは高さ七〇～一五〇センチメートルになる大形の多年草である。本来は常緑であるが、分布の北部である日本本土では冬になると寒さで葉身の多くが枯れてしまう。茎のように見えるものは、伸びる前の若い葉とそれを囲む多くの葉鞘《ようしょう》が重なってできたもので、偽茎《ぎけい》と呼ばれ、高さ五〇～七〇センチメートル、直径五～一五センチメートルの円柱形となっている。

葉身はその先端から八方に拡がり、線形、無毛、やや多肉《たにく》質となり、長さ三〇～八〇センチメートル、幅五～一〇センチメートルとなり、先端が尖る。この葉は、暑い夏の海岸で、何日も雨が降らなくても、しおれることがない。また丈夫にできており、多肉質であるにも関わらず、台風などの強風でも破れることはない。それは葉の構造に原因があり、格子状に丈夫な葉脈が通っているからである。

六月下旬から八月に、葉腋《ようえき》から太い花茎を葉よりも高く伸ばす。個体によっては秋になって花茎を伸ばすものもあり、暖かい地方ほど夏期は長くなり、はっきりしなくなる。比較的小さな株では花茎は一本しか出さないが、十分成長した株になると一年に数本出す。しかし、それぞれの花茎は同時に伸長してくることはなく、時間的なずれがあり、ふつうは一本の花茎の花が咲き終わると、次の花茎の花が咲き始める。

花茎は断面がやや扁平で、先端は二枚の総苞片《そうほうへん》が合わさって卵状披針形となり、白っぽい淡緑色をしている。やがて総苞片が開き、一〇数個のつぼみが散形状に現れる。

開花する花の数は毎日一～数花以内で、花の寿命は二、三日であり、したがって全体で二週間ぐらい咲き続ける。花は夕方に開き、白色、花被の下部は筒状、上部は六つの花被片に別れる。花被片は線形で、先端は反り返る。おしべは六本、糸状で先端が紅紫色をしている。おしべの先端には葯《やく》が中央の部分でくっつき、T字型となる（図9）。

夜咲きの花はハマユウのように白色が多い。夜は赤や橙《だいだい》色の花では目だたないが、白色のような明るい花は薄暗い中でもよくわかる。実際に夜咲くカラスウリ、ヒツジグサ、ユウガオなどは白色の花であるし、ツキミソウ、オオマツヨイグサなどは淡黄色である。さらに香りがあれば、真っ暗な闇夜でも嗅覚《きゅうかく》の発達した昆虫を引き付けることができる。夜咲きのサボテンとして有名な月下美人は白色の花で芳香を放つ。これらの花は寿命が一晩のものが多いが、ハマユウは昼にも咲いている。

図9　ハマユウの花

図10　種子が大きくなると花茎が倒れるハマユウ

白色の花が夜咲き、香りのするハマユウは、おもに夜行性の昆虫に花粉を運んでもらうように進化したと思われる。さらに、花筒《かとう》が長いことは、口吻《こうふん》の長い昆虫しか蜜が吸えないことを示している。一般に花筒の長さと、その花の蜜を吸う昆虫の口吻の長さとは密接な関係があることが知られている。また、おしべの葯《やく》がT字型についており、葯がぶらぶらと自由に動くようになっていることは、オニユリやヤマユリの葯も同様で、鱗翅目《りんしもく》（蛾・蝶の仲間）の羽が触れると、葯が羽と平行向きになり、花粉がつきやすくなっているといえる。実際にハマユウの花を訪れる昆虫は、夜はスズメガの仲間の蛾であり、翌日の花には昼間にアゲハの仲間が蜜を吸いにやってくる。

果実が大きくなるにつれて花茎はしだいに斜に倒れていき、ほぼ完全に倒れる頃は、果皮《かひ》は枯れ、腐って中から種子がこぼれ落ちる（図10）。もし花茎が倒れることなく直立したままであれば、種子は密生した葉に受け止められてしまい、地面に落ちることはないであろう。

種子の形態と発芽

ハマユウの種子は直径二・五〜三・五センチメートルで、灰白色から淡褐色で偏球形をしており、表面は少ししわがあり、色といい、大きさといい、とても種子のようには見えない（図11）。胚乳《はいにゅう》の周辺部は水分を保持する柔組織とその外側にコルク層が発達している。

図11　ハマユウの種子

草本《そうほん》植物の中でもラン科植物やイチヤクソウ科植物は、小さな軽い種子をつけることが知られ、一個の重さが千分の一ミリグラム以下であるが、草本植物の種子の多くは一ミリグラムくらいのものがもっとも多い。それに対してハマユウの種子は五～二〇グラム近くもあり、草本植物の種子としては異常に大きく、重い種子である。しかし、海水に容易に浮き、何か月も浮き続け、海流によって散布することができる。

植物の種子は、水分がないと発芽しない。もし水分がない所で発芽してしまったら、その植物は、芽や根を伸長することができないので枯死してしまうことになる。そのようなことがないように、ふつうの種子は発芽条件がそろうまで休眠状態にある。しかも、乾燥状態が続き、胚や胚乳がひからびてしまわないように、あるいは菌類に冒されたり昆虫に食べられないように硬い種皮に守られている。しかし、ハマユウは種皮がなく、発芽のしかたも変わっている。種子を土に埋めなくても、机の上に置いておくだけで、やがて発芽してくる。それどころか乾燥器にいれておいても発芽が可能である。最初に出てくるのは緑色の太い初生《しょせい》根《こん》で、少し伸びたところで生長を止める。そのあと、そこから上に子葉《しよう》が出始め、下へは根が伸長してくる。

根は一本だけが勢いよく伸びたところで生長が鈍くなり、次の二本目の根が伸長してくる。二本目の根が一番最初に出た根の長さとほぼ同じくらいになったころに、三本目の根が伸長してくる。ハマユウは単子葉植物なので、双子葉植物と違い、主根《しゅこん》・側根《そっこん》の区別はなく、太いひげ根を伸ばす。しかし、水分の乏しい海岸で十分定着していない段階でひげ根を伸ばしていたのでは、なかなか水分にありつけない。とりあえず、一本を伸ばして水分を吸収し、次に二本目の根を伸ばした方が確実であると考えられる。

ハマユウの分布

種としてのハマユウ（*Crinum asiaticum*）は、東南アジアを中心にその周辺地域に拡がっており、西はインド洋のココス諸島をへて、さらにスリランカ、インドまで、東はハワイ諸島とクリ

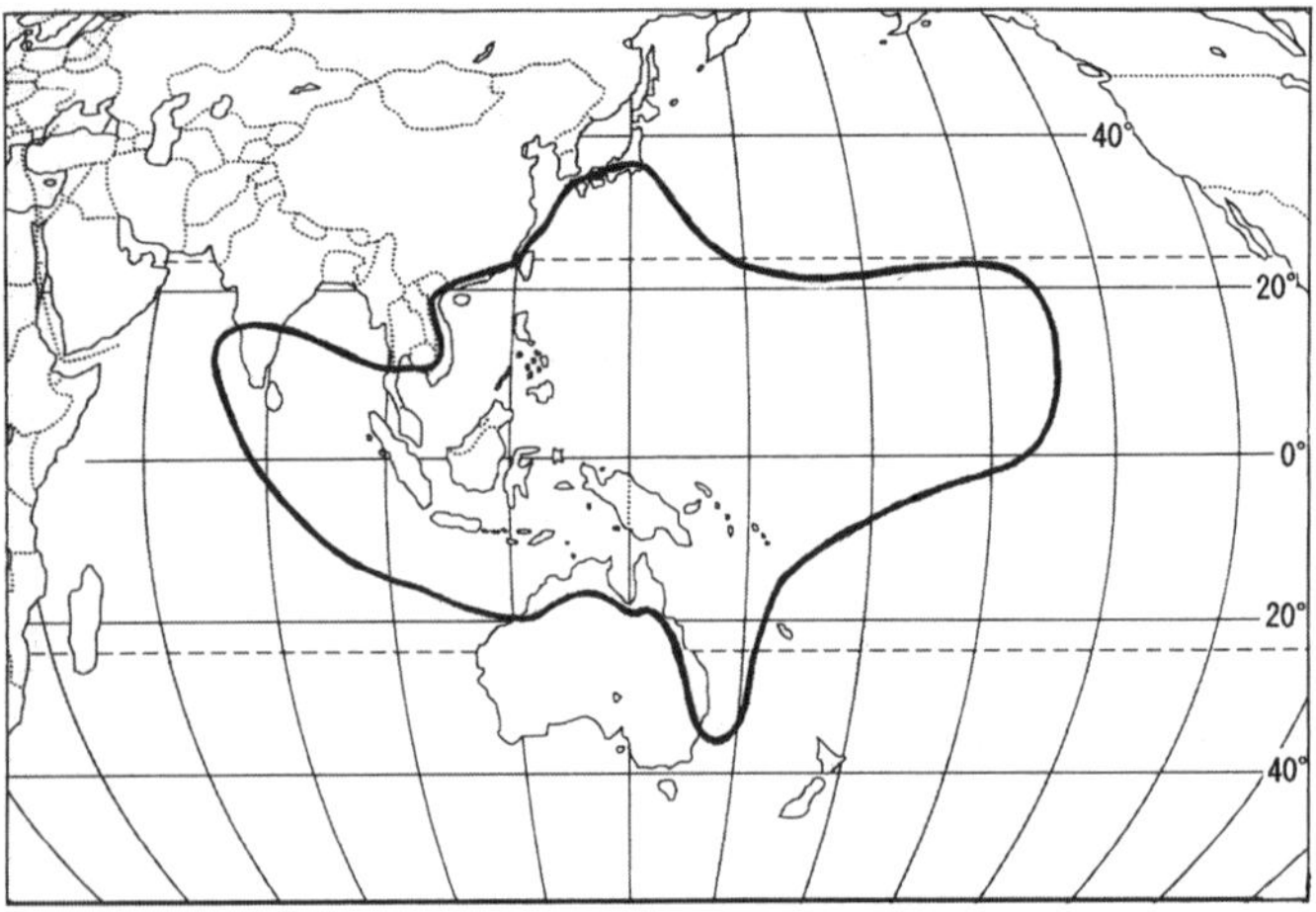

図12　種としてのハマユウ（*Crinum asiaticum*）の分布

スマス島、南大平洋諸島西部、南はオーストラリア東岸をへてロードハウ島まで、北は日本の千葉県房総半島南部までの範囲に分布している（図12）。

このように東南アジアを中心に熱帯、亜熱帯に分布をしているものに、クサトベラ、モンパノキ、ソコベニヒルガオ、ハスノハギリ、ハテルマギリ、アダンなどがある。これらの植物は、黒潮に運ばれて日本列島まで分布しており、多くは琉球列島まで、あるいは一部は日本南部まで拡がっている。

ハマユウ属の起源は前に述べたように南アフリカなので、しばしばハマユウが南アフリカから海流によって日本まで拡がってきたかのように紹介されることがあるが、それは正しくはない。ハマユウは種としては、東南アジアで分化し、そこから周辺地域に海流散布で拡がったものである。

日本と韓国の済州《さいしゅう》島《とう》に分布するハマユウ（C.

asiaticum var. *japonicum*）は琉球列島から九州、四国、本州の関東地方南部以西の海岸に見られる。

琉球列島では広く分布し、砂浜の草本《そうほん》群落の中ばかりでなく隆起サンゴ礁の上や、明るい海岸林の中にも生育している。それらの個体は、台風などによる高潮によって打ち上げられた種子から発芽したものであろう。九州の海岸では、有明海などの内湾や北東部を除いて、南から北まで広く分布している。離島部では甑島《こしきじま》、天草諸島、五島列島、平戸島《ひらどしま》、壱岐《いき》をはじめ、そのほかの島にも多く生育しているが、対馬《つしま》には見られない。対馬は気候的にもハマユウの限界であるし、岩石海岸が多く、浜が乏しいことも分布していない原因であろう。

大分県では四国の佐多《さた》岬半島の対岸である佐賀関までで、それ以北の伊予灘や周防灘沿岸部の大分県国東《くにさき》半島や福岡県東部海岸には分布していない。四国では南部に分布し、愛媛県佐多岬半島以南から高知県海岸各地に分布しているが、徳島県では唯一の自生地であった牟岐町出羽島《むぎちょうでばじま》にあったものが絶滅した。

本州では山口県下関市から日本海側を日置町《へきちょう》（現長門《ながと》市）までで、ここが日本海側の北限となっている。山口県や広島県の瀬戸内海沿岸部から記録されたものは真の自生ではなく、栽培されているものから逸出《いっしゅつ》したものであろう。

紀伊半島では西海岸の和歌山県日高郡以南から、東海岸の三重県志摩半島北部まで多くの自生地

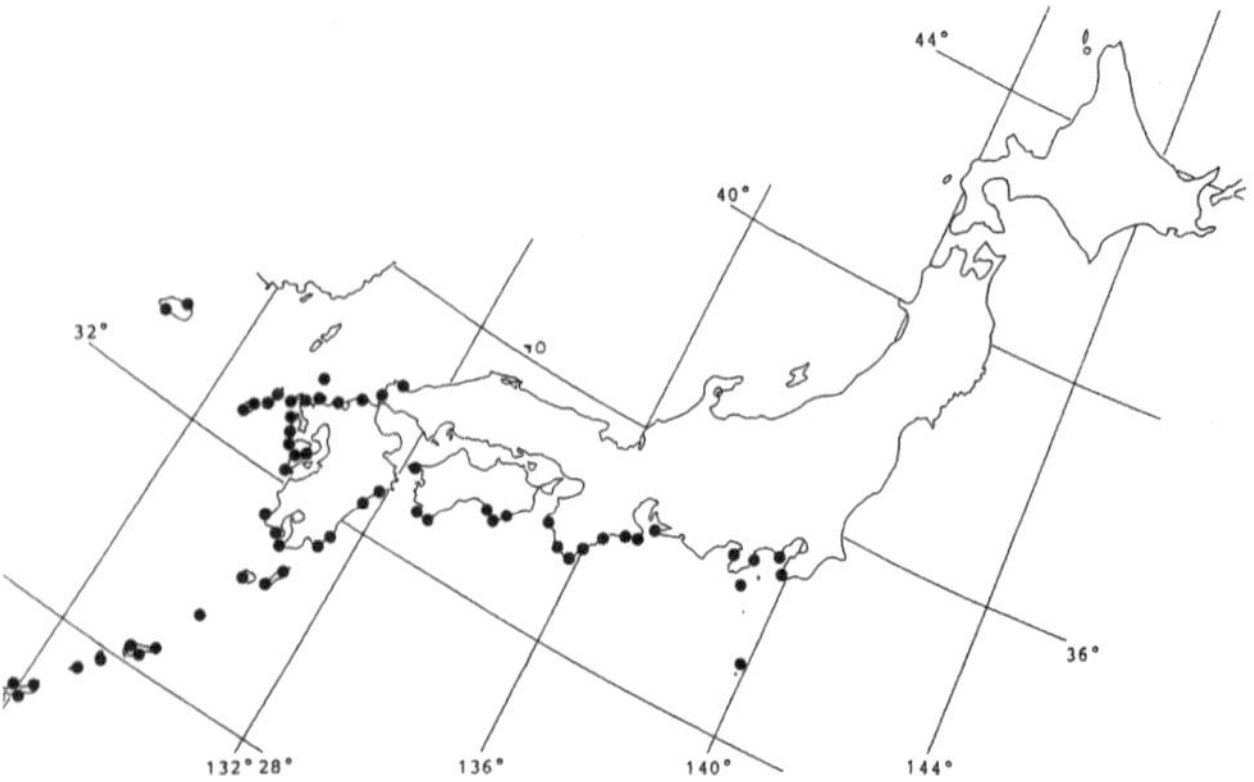

図13　ハマユウの分布

がある。さらにそれより東では愛知県渥美《あつみ》半島南端の伊良湖《いらご》岬、伊豆半島、伊豆諸島、三浦半島の横須賀市天神島《てんじんじま》と三浦市、房総半島南部まで分布する(図13)。

日本以外では韓国済州島《さいしゅうとう》の北東部の無人島兎《うさぎ》の島に群生しており、韓国の天然記念物に指定されている。

ハマユウの分布の北限を結んだ線は本州の南岸に沿っており、これは年平均気温一五℃あるいは年最低気温平均マイナス三・五℃線と一致している。小清水博士はこれをハマオモト(ハマユウ)線(Crinum Line)と名づけた。この線はハマボウやハマナタマメ、ソナレムグラなどいくつかの暖温帯性の植物の分布北限と一致している。雨量の多い日本では、亜熱帯性や暖温帯性の植物の北限は冬の寒さによって分布の制限を受けており、間接的には年平均気温と一致している。

このように北限線が等温線と一致する植物はシイ、アカガシ、シラカシ、ウラジロ、イノデ、マメヅタなど多くの例をあげることができる。かつては生物の分布境界線に名前をつけることがよく行われたが、それぞれの植物の分布限界に名前をつけることは、それほど意味がない。

ハマユウの分布については、北限線のみが注目されたが、本来熱帯域に分布の中心をおく植物が、亜熱帯を経て、温帯域まで分布を拡げていることこそ、ハマユウの分布の特異性といえよう。確かにハマユウは寒さに弱く、熱帯や亜熱帯では常緑草本《そうほん》であるにも関わらず、日本本土では冬に葉身は枯れ、腐ってしまう。しかし、葉鞘《ようしょう》が多数重なった偽茎《ぎけい》は、タマネギの球茎《きゅうけい》のように強く、寒さにも耐性があり、春になると再び葉を伸長させる。このように偽茎を有することが、熱帯産のハマユウが日本の寒さにも耐え、生き残ることができる理由となっている。

群落の生態

ハマユウはしばしば群生し、群落を形成する。一種類の草本植物が優占し、群生するのは、根茎《こんけい》で繁殖しやすいものや、種子が発芽しやすく定着率の高い植物が多い。ハマユウの場合は、種子が大きく、それだけ栄養をもっているので、発芽・定着しやすい。種子の発芽率はほぼ一〇〇パーセントである。したがって、種子から次々と新しい株できる。また、株はある程度大きくなると株元で分かれて二本になる。つまり偽茎が隣接した状態で殖えていくことになる。しかも草本《そうほん》としてはかなり大きく、それだけ競争にも強い。したがって、生育に適した場所ではどんどん増えていき、やがて群落を形成することになる。

ハマユウ群落に常在的なあるいは頻度の高い種はハマユウのほか、ハマゴウ、テリハノイバラ、ススキ、ハマヘクソカズラ、ハマナタマメなどである。これらは多くが匍匐《ほふく》性あるいはつる植物である。群落の立地は砂質あるいは礫《れき》を含んだ土壌で、落葉や海から打ち寄せられたゴミなどが分解し、かなり富栄養となっている場合が多い。特に海岸林に隣接する群落や林下に生育するものは土壌に腐植がかなり発達している。

群落が発達している場所は、砂浜や礫浜《れきはま》の後方の安定地、海岸崖地《がけち》前面の岩塊《がんかい》あるいは巨礫《きょれき》の多い海岸、ハマボウ群落やクロマツ群落の林下などである。これらのうち、砂浜や礫浜の後方の安定地に生育するものは、もっとも広大な群落を形成する。これらの海岸は汀線《ていせん》に近い方から内陸に向かって群落が移り変わる帯状構造（ゾーネーション）が見られる。ハマユウ群落はふつうハマゴウ群落の後方に発達している。岩塊や巨礫の優占した海岸に生育するものは、波浪の影響が比較的少ないため、汀線近くに発達している。また、そのような立地のハマユウ群落はふつう小面積を占め、種組成が単純でイワタイゲキなど数種の植物で群落が構成されているものから、土壌が深く、多くの草本《そうほん》、特にハマウドのような大型の草本やつる植物を伴ったものなど変化が大きい。

ハマボウ群落やハマナツメ群落の林下に生育するものは、これらの群落内に台風などの高潮時に種子が打ち上げられ定着したものと考えられ、漂着した多くのゴミと共に汀線に平行に一列に生育している。このような例は、熊本県天草郡苓北町《れいほくまち》富岡の曲崎《まがりざき》や宮崎県日向市竹島に見られる。

クロマツ林の林下に見られるものは、群落が団塊状をなし、多くの好窒素《こうちっそ》性植物と共に生育している。ほとんどの群落は多少とも人為の影響を受けており、現在では海からの影響が少ないため、遷移《せんい》が進むにつれて多くの植物が繁り、暗くなってハマユウは衰退するであろう。クロマツ林下に生育しているものの多くは、草刈りなどの管理がなされ、ハマユウ群落が維持されている。

ハマユウ群落はまれに岩石海岸の傾斜地に見られることがある。このような立地は土壌が浅いため、ハマユウの丈は低く、ボタンボウフウ、ススキ、ホソバワダンなどと共に生育している。台風時の高波で種子が打ち上げられ、定着したものから繁殖したものと思われる。長崎県で見られた例は、いずれも南向きの入り江になった周囲の崖地で、高波の影響を受けやすい所に見られる。

有毒植物と捕食者

ハマユウはヒガンバナ科の植物であり、ヒガンバナと同じようにリコリンなどのアルカロイドを含んだ有毒植物である。植物が有毒物質を含んでいることは、動物から食べられないように毒性の化学物質を生産していると考えられる。つまり、被食を免れるための化学的防衛といえる。したがって、ふつうの昆虫に葉を食べられることはないが、ハマオモトヨトウと呼ばれる蛾の幼虫だけは、ハマユウの捕食者となっている。

ハマオモトヨトウ *Brithys crini crini* はヤガ科の蛾で、翅長一六〜一八ミリメートル、終齢幼虫は体長約四〇ミリメートルで、頭部は橙《だいだい》色で、体には白黒の縞模様がある。ハマユウ群落にはややふつうに見られ、しばしば著しく食害し、ハマユウの地上部がほとんど食べ尽くされてしまうこともある。アルカロイドを生産し、昆虫からの被食を逃れたハマユウであったが、ハマオモトヨトウには全く無抵抗で、唯一の弱点である。ハマオモトヨトウはハマユウのほか、同じヒガンバナ科のスイセンやタマスダレなども食害するが、ハマユウを食べることがもっとも多い。

5章　日本のハイビスカス——ハマボウ——

ハマボウはアオイ科の落葉低木で、その特徴は何といっても、その生育地の環境の特殊なことである。栽培は簡単で、どんな土地にでも育つにも関わらず、自然の生育立地は河口や内湾などの塩湿地やその周辺に限られ、決して内陸には生育していない。樹木でそのような立地に生育するのは熱帯や亜熱帯に分布するマングローブ植物ぐらいで、温帯ではきわめて特異なことである。数株からなる小さな群落ではその生育立地や群落の構造の特異性に気づかないが、数一〇株以上が群生しているような大きな群落を見ると、その群落が他の低木林とは全く異なることに気づく。

今から三十年以上前に、三重県南伊勢町伊勢路川河口に発達したハマボウ群落を見に行ったことがあった。幸い干潮時であったので、群落の中まで入ることができた。林の中はどちらを向いても大蛇がはっているように、太い幹が半ば匍匐《ほふく》しており、そのようすはこれまで見たことがなく、熱帯のマングローブ林の中にでもいるような錯角にとらわれ、温帯にもこんな生態をした群落があったのかと驚き、興奮したことを覚えている。ハマボウ群落の景観を外からながめるより、林内に入って見る方が、その特異性がよくわかる。

ハマボウの二つ目の特徴は、日本の野生のハイビスカス（フヨウ属）としてはもっとも北に分布する種であり、ハマボウが属するオオハマボウ節（後述）の中で、恐らく世界でもっとも北に分布する種であるということである。ハイビスカスの仲間ということは、花が美しいことで、園芸植物としての価値があるが、花生態学としても興味深い植物であるといえる。

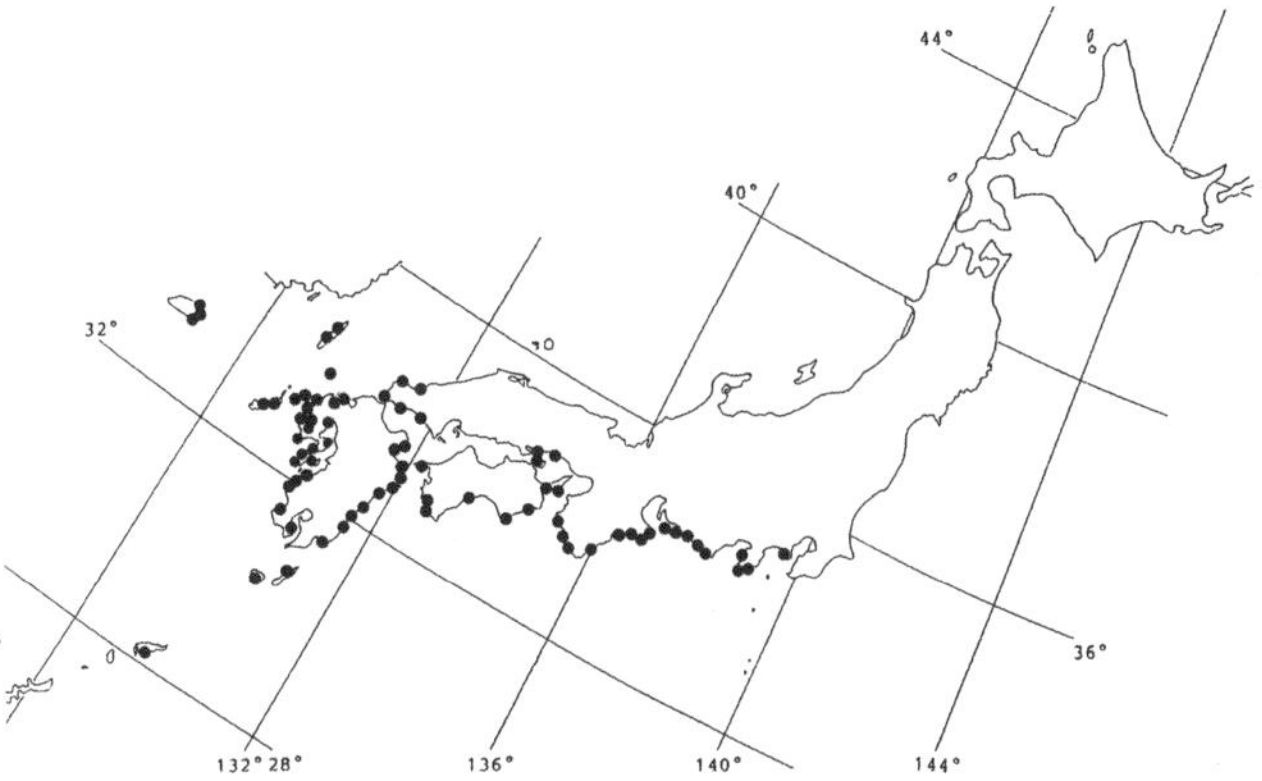

図14　ハマボウの分布

この章ではハマボウの分布と生態や形態、さらに繁殖のしくみ、分類について紹介することにしよう。

ハマボウの分布

日本では奄美大島から屋久島・種子島をへて九州沿岸部と四国沿岸部、本州では山口県下関市から日本海側を萩市までと瀬戸内海沿岸を兵庫県まで、そして紀伊半島、東海地方南部をへて神奈川県三浦半島と千葉県南部まで分布する（図14）。

北限自生地は、長崎県対馬の上県町（現対馬《つしま》市）佐護湊（北緯三四度三八分）である。その分布北限線は本州の南部海岸に沿っており、ハマユウやハマナタマメなどとたいへんよく似ている。これらの植物は冬期の寒さが分布の制限となっているのであろう。

一方、分布の南限自生地は、奄美大島の住用川（北

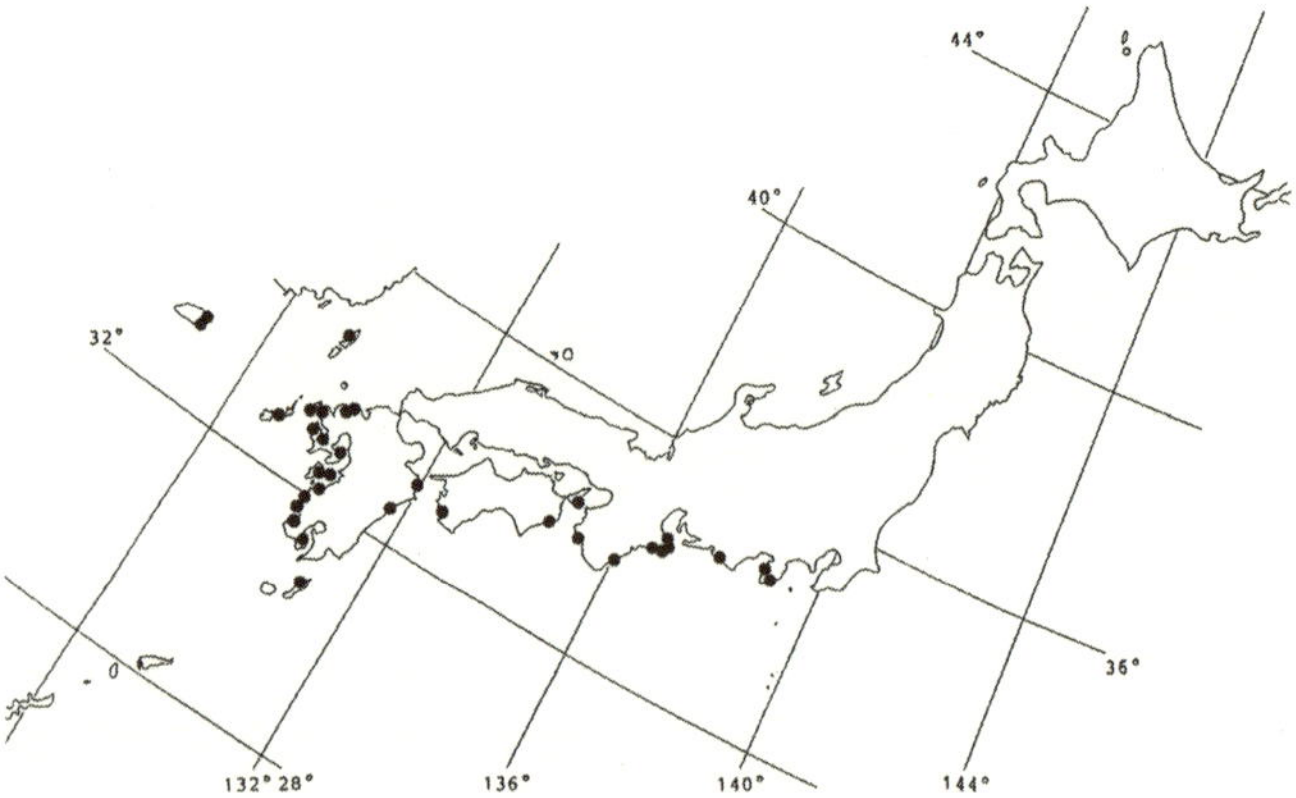

図15　50株以上からなるハマボウ群落の分布

緯二八度一五分）である。亜熱帯性あるいは暖温帯性植物の分布の北限は寒さがその制限となっていることは理解しやすく、分布限界線が等温線と一致することが多いが、南限はいろいろな要因によって支配されており、それを特定することは難しい。

ハマボウの場合、同じような立地に生育するマングローブ植物やオオハマボウとの競争がその要因の一つとなっていると考えられる。分布の東限は後述するように今では神奈川県三浦半島、西限は韓国済州島《さいしゅうとう》西北部である。

しかし、ハマボウは分布域全体に均一に生育しているわけではない。図15は、五〇株以上の個体からなる群落の分布を示したものである。九州西部と三重県の志摩半島周辺に多く、九州東部や四国、紀伊半島南部には少ない。これは九州西部と志摩半島周辺は海岸線が複雑であるが、九州東部の宮崎県や四国、紀伊半島南部は海岸線が単調であることが関係している。

ハマボウの近縁種にオオハマボウという植物があり、世界中の熱帯から亜熱帯に分布し、日本では琉球列島と小笠原諸島の父島に見られる。その特徴はハマボウの生育立地と同じような塩湿地周辺から砂浜の安定地にも生育している。

ハマボウはオオハマボウあるいはその祖先が日本の温帯域に適応分化したものと考えられる。ハマボウはオオハマボウなどと共に、分類学的にオオハマボウ節（Azanza）に含まれるが、その中でハマボウはもっとも北に分布する種である。

生育地の特徴

ハマボウの生育立地は満潮時に海水が流入する河川の下流部から河口付近、波浪の影響を受けない湾内や入江、海跡湖岸、ラグーン（潟湖）である。河川に生育しているものは、満潮時には根元が冠水する立地に生育していることもあるが、ふつう満潮時の汀線付近に沿って生育している。護岸工事などの周辺立地の改変で、現在は全く海水の影響を受けない中性の立地に生育していることもある。まれに湾内の礫《れき》海岸に生育している所もあり、そこでは満潮線より内陸側に生育している。台風などによって生じた高潮によって種子が打ち上げられ、発芽・定着したものであろう。

群落の大きさと生育地の地形とのあいだには関係があり、個体数が一〇〇株を超すような大きな群落は河川の下流部や河口とラグーンに限られる。ラグーンとは砂州《さす》や礫州《れきす》が発達し、海域の一部がせき止められて小さな湖沼となったものであり、海水が流入する場合もあるし、しばしば小さな入江が堤などによって人工的にせき止められてできたものもあり、ふつうヨシ群落に被われているものが多い。海跡湖岸や入江などでは高潮線に沿ってほぼ一列に生育しているので、大きな群落とはならない。

熱帯から亜熱帯に分布し、海水または海水と川からの淡水とが混じった半かん水に浸るような塩湿地に群生する樹木で、気根や胎生種子をもつなど特徴のある性質をもつものをマングローブ植物と呼んでいる。日本ではマングローブ植物として琉球列島にメヒルギやオヒルギが知られている。セイロン（今のバングラディシュ）の海岸林を調べたタンズレーとフリティシュ（Tansley and Fritisch 1905）はマングローブ植物ほど顕著な性質はもたないが、マングローブ湿地やその周辺に生育する低木林を「半マングローブ」と呼んだ。

ハマボウと同じフヨウ属（*Hibiscus*）のオオハマボウは、沿岸部の二次林にもよく生育しているが、自然状態ではマングローブの内陸側などに生育し、半マングローブ植物とされている。

メヒルギやオヒルギが分布していない小笠原諸島では、父島の八瀬川の汽水域にオオハマボウが純群落を形成している。ハマボウも塩湿地に生育し、純群落を形成する木本《もくほん》植物であり、その種子は海流で散布されることから半マングローブ植物の一つと考えられる。したがって、半マングローブは生態学的にマングローブの周辺に発達するばかりでなく、地理的にもマングローブの生育できないような周辺地域まで分布しており、そこではマングローブが成立する立地に生育している。

生育形と葉

ハマボウは夏緑性、すなわち冬に落葉する低木で、成木はふつう樹高三～五メートルになる。しかし、『日本植物誌』をはじめ、多くの図鑑類には樹高一～二メートルと記されている。これはたぶん関東地方の唯一の産地である三浦半島の天神島の群落を観察した結果にもとづくものであろう。ここの生育地はふつうのハマボウ群落とはかなり違って、岩礁地あるいは砂礫浜である。一般に植物の大きさは乾燥した貧栄養な立地では通常の高さよりも小さくなるものである。

幹は根元から数本に分かれ、群落を形成しているような適地では直立することはなく、斜に伸びるか、半ば匍匐《ほふく》し、大きな株になるほどこの傾向が強い（図16）。分かれた幹が根元から水平に伸び、地表面が接しているものはまれに、そこから根を出し新しい株をつくる場合もある。上部にいくにつれて多く分枝し、四方に拡がっている。最大のものは樹高六メートル、根元の直径は三〇センチメートル以上に達し、株全体として五〇平方メートル以上の面積を占める。

図16　ハマボウ群落の内部（三重県南伊勢町伊勢路川河口）

葉は互生《ごせい》し、葉柄《ようへい》は一～二センチメートル、葉身《ようしん》は円形または偏円形で、先は短く尖り鈍頭、基部はやや心形となる。長さ四～七センチメートル、幅三～六センチメートル、縁には細かい鋸歯がある。葉はやや厚く、表面に黄灰色の星状毛が散生し、裏面には密生している。したがって、葉の表面は光沢の全くないややくすんだ緑色をしており、裏面は灰白色で、ビロード状をしている。この星状毛は小さく、肉眼ではほとんど見えない。

葉は四月中旬ごろから枝が伸びるにつれてゆっくりと展開し、最初に出た葉は小さく、後から出た葉は大きくなる。木全体に葉が繁るのは花が咲く直前である。樹木の中にはイチョウやサクラの仲間のように短枝と長枝がはっきりと区別できるものがある。ハマボウもそれほどはっきりはしないが、短枝と長枝があり、花は短枝につく。長枝は節間が長く、それにつく葉の葉柄も三～四センチメートルと長い。晩秋には赤味を帯びた橙色に紅葉し、十一から十二月になって落葉する。冬芽は扁平で、密に星状毛が生えた二枚の托葉《たくよう》に被われている。

花の形態

ハマボウのもっとも著しい特徴の一つはその花にある。やや薄い黄色で、直径六〜八センチメートルにもなる美しい花を咲かせる。花弁は五枚で、先端が丸く、一方のへりが隣の花弁の上に重なり、ラッパ型に開く。花の中心部は赤い斑点状となり、そのコントラストは鮮やかである。

ハマボウの花をもう少しよく見ると、ふつうの花のおしべやめしべと違っていることに気がつく。おしべは合着して筒状となり、その中をめしべがつらぬいている。おしべの先端は単立した短い花糸となり、先端に葯をつける（図17）。花糸の数は二〇〜四〇個である。めしべは長く、花柱の先端部は有毛で、柱頭と共に暗赤色をしている。柱頭は五つに分かれている。このような花の構造はハイビスカスやフヨウなどのフヨウ属の花に共通して見られる特徴であり、ふつう自分の花のおしべの葯が、めしべの先端に触れることはない。

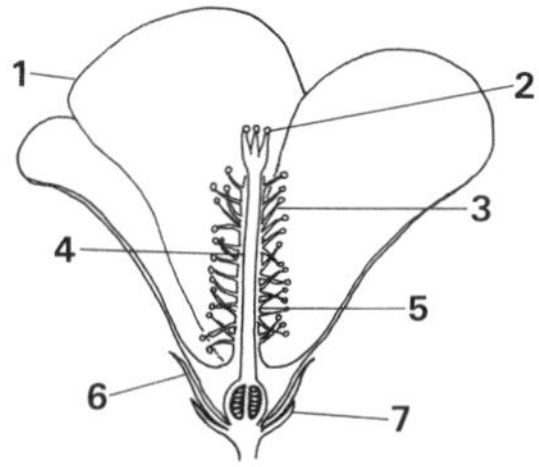

図17　ハマボウの花の断面模式図　1.花弁、2.柱頭、3.花糸、4.めしべ、5.おしべ、6.萼、7.副萼

高等植物は一つの花におしべとめしべの両方をもつ両性花であっても、なるべく自花受粉をさけるしくみが見られる。その方法の一つは雌雄異熟性といって、おしべとめしべの熟す時期

がずれているものがある。例えば、アオキやゲンノショウコなどはおしべが先に熟すようになっているし（雄性先熟）、オオバコやイヌサフランはめしべが先に熟す（雌性先熟）。

自花受粉をさける他の方法は雌雄離熟性といって、おしべの葯とめしべの柱頭が離れているものがある。これは程度問題で、葯と柱頭の距離が離れているほど自家受粉は起こりにくく、ユリ科やアヤメ科の花はかなり離れていて、雌雄離熟性と考えられるし、フヨウ属の花も構造的には雌雄離熟性と思われる。

花の寿命と開花期間

ハマボウは大きくて目だった色をしているにも関わらず、決してはでな感じを与えない。それは花弁の質に原因があるように思える。ヤブツバキやモクレンなど大きな花の咲く花木は、たいてい厚ぼったい花弁をしているが、ハマボウは繊細な脈が走り、織物のような柔らかな花弁をしている。それもそのはずで、朝咲いてその日の夜にはしぼみ、翌日には落下してしまう。わずか一日の寿命であるので、しっかりした花弁にする必要はないわけである。ある種のランのように一か月以上も咲き続ける寿命の長い花は花弁が多肉質になるなど、しっかりとした花であるが、アサガオのようにわずか数時間の寿命の花は、花弁が薄くできている。

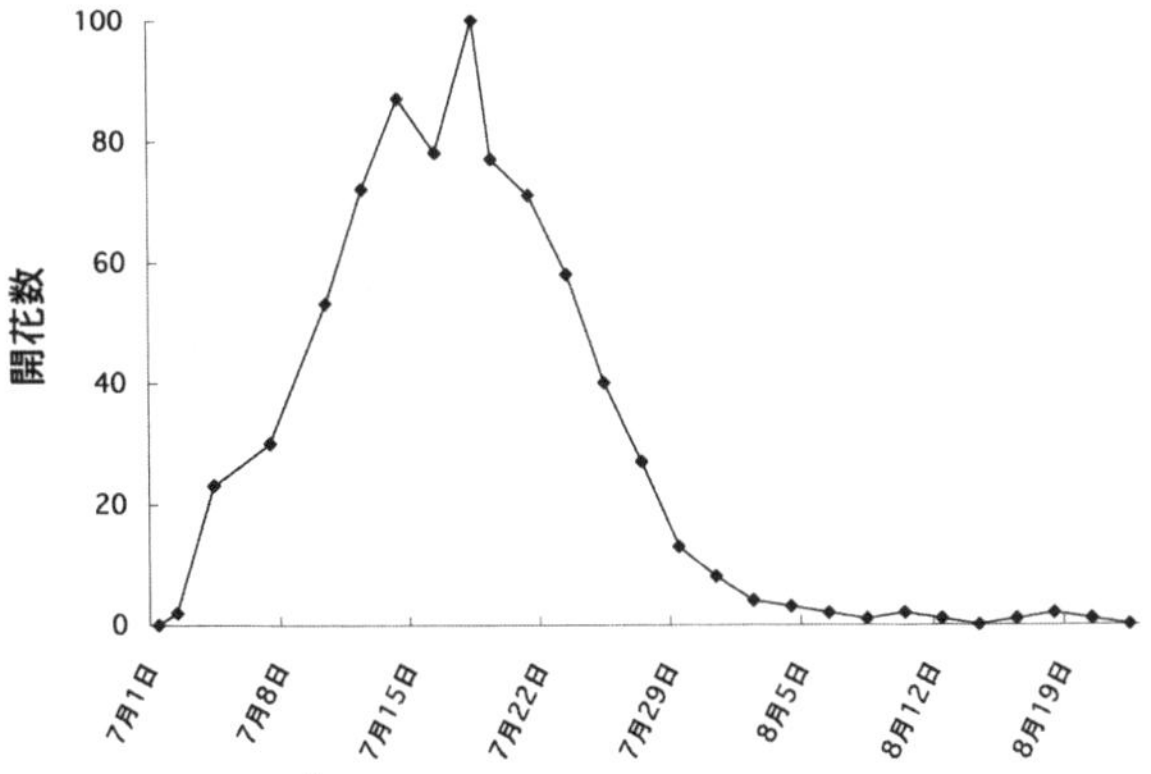

図18　ハマボウの開花季節、1本のハマボウの開花数の変化

植物にとって花を咲かせるには多くの資源が必要となる。長時間咲かせつづけるにはそれだけ多くのエネルギーや水分を費やさなければならない。少数の花を長期間咲かせ続けるか、逆に花の寿命を短くして多くの花を咲かせるかは植物の繁殖戦略であり、それぞれの植物が繁殖にもっとも有利な方法として進化した結果なのであろう。

ハマボウの場合、朝花が開くといっても、アサガオのように一斉に開くのではなく、早いものは午前五時頃から、遅いものは午前八時ごろから開く。しぼむ時刻も翌日の十時頃まで半ば開いている場合もあり、その日の温度が低いと、翌日まで花が残る傾向が強い。まれにハマボウの咲き始めのころ、昼の最高気温が二〇℃ぐらいの異常に気温が低い日があるが、そのときはまる二日間花が咲き、三日目に閉じる。

ハマボウは七月から八月にかけて花を毎日咲かせる（図18）。九州北部では七月初旬から咲きはじめ、花の数はしだいに多くなり、七月下旬にピークとなり、それ以後、急に花の数は少なくなり、八月上旬には花はほとんど見なくなってしまう。異常気象であった二〇〇二年は、一月から三月までが例年よりもかなり暖かく、全国各地でソメイヨシノがもっとも早く開花したことを記録した。ハマボウもその年は六月下旬から咲き始め、ピークも早く、七月下旬までにほとんど花を咲かせてしまった。

このように開花季節は年によって少しはずれるが、開花期間はおよそ一か月といえる。この期間はサクラに比べたら長いが、ハイビスカスの仲間としては短い。しかし、ごく少数の花は十月ごろまで見られる。

受粉と訪花昆虫

ハマボウの花は大きくて美しい花なので、さぞよい香りがするだろうと思えるが、まったく香りはしない。それはなぜだろうか。

植物にとって花は生殖器官であり、おしべの先端の葯にできた花粉をめしべの柱頭につける必要がある。その媒介者として風や動物や水などを利用している。美しい花弁や香り、蜜などは花粉を運んでもらうための動物を誘引するために発達したものである。その証拠に花粉を風で運んでもらう風媒花には、花弁も香りも蜜もない、きわめて目だたない花を咲かせる。それはスギやマツなどの裸子植物や、イネ科の植物の花を見ればわかる。逆に動物に花粉を運んでもらう花は、目だつ花弁、香り、蜜などによって動物を誘引する必要がある。

ハマボウの場合は香りではなく、もっぱら視覚的に目だった特徴で花粉を運ぶ動物を誘っていることになる。花の中心にある赤い斑点は花を訪れる動物に蜜の場所を具体的に知らせる「蜜標＝ガイドマーク」と考えられる。訪花動物の中でも鳥類はヒトと同じような色覚をもっているので、赤色は目だった色といえる。

昆虫の少ない冬から春に咲くヤブツバキは、赤い花を咲かせ蜜を提供することによって、鳥類のメジロを誘引し、花粉を運んでもらっている。厚ぼったい花弁は、メジロが留まっても倒れないようになっているし、茶筅《ちゃせん》のようなおしべは、蜜を吸うメジロの頭に確実に花粉がつくようになっている。しかし、昆虫の場合には赤色が見えないものも少なくない。例えばミツバチの色覚は、ヒトの色覚より短い波長の方にずれていることが知られている。すなわち、ミツバチにとって波長の長い光である赤色は見えないが、ヒトの見えない波長の短い紫外線はよく見える。

それぞれの昆虫がどのような色の花を訪れるかは、ヨーロッパでは古くからよく研究されてきた。ヨーロッパには赤い花を咲かせる自生植物はほとんど見られないが、これは訪花昆虫の色覚と関係している。

ハマボウの場合には鳥が訪れることはないが、アゲハチョウの仲間、特にナガサキアゲハ、モン

図19　ハマボウの花を訪れたモンキアゲハ

キアゲハが多く（図19）、アゲハやキアゲハも訪れるが、アオスジアゲハは近くに生育していたハマナツメには多くいたが、ハマボウには訪花しなかった。

田中肇は日本の多くの昆虫についてどんな色の花を訪れるか調べている。それによると、キアゲハ、アゲハ、カラスアゲハは赤の花を頻繁に訪れている。アゲハチョウの仲間がハマボウの花の赤い蜜標に誘引されていると考えられる。ハマボウの花にはその他、キチョウやイチモンジセセリなどのチョウ類のほか、ミツバチなどのハナバチ類も訪れる。

花をやや遠くから眺めてみると、黄色い花粉をつけた葯が、中心の暗赤色の柱頭と花弁の中央の赤い部分のあいだにあり、黄色の輪として目立っていることがわかる。

訪花昆虫の種類や頻度は場所による違いが大きく、周囲の環境に影響される。私が観察した例では、周辺にシイ林が多く、自然度の高い地区では、ナガサキアゲハとモンキアゲハが訪花頻度が高く、水田や畑、居住地などが拡がっている所ではセイヨウミツバチが多くなっている。

繁殖生態

植物の中には同じ株の花の花粉が柱頭に着いても、種子ができない性質をもったものが少なくないが、この性質を自家不和合性という。ナシやリンゴなども自家不和合性があるため、昆虫が他の株からの花粉を運んでくるか、人工的に受粉をしてやらなければ、種子はできない。その逆に、自家受粉によっても種子ができる性質を自家和合性という。

ハマボウの繁殖生態について学生と一緒に調べたことがある。他の株からの花粉を人工的に柱頭につけた人工他家受粉、同じ花の花粉を柱頭に人工的につけた人工自家受粉とで結実率を比較すると、明らかに他家受粉の方が高くなっており、自家和合性はあるものの、近交弱勢があらわれたといえる。近交弱勢とは近親交配や自家受精によってできた子孫の生存力が低下することをいう。

また、アオイ科の花の構造は雌雄離熟性となっていると記したが、全く同じ花の花粉が柱頭に着かないわけではない。花の中にはおしべの先端の葯が柱頭に距離的に近いものがあり、それだけ自花受粉しやすくなっている。熱帯から亜熱帯に分布するオオハマボウの繁殖生態と比べると、ハマボウは樹高が低くなっているばかりでなく、花もやや小さくなっている。また、葯と柱頭の距離も短くなっており、実際にオオハマボウと比べて、自家受粉による結実率が高くなっている。これは温帯に生育するハマボウが、熱帯に分布するオオハマボウに比べて、昆虫やその他の動物による受粉が十分期待できないからと考えられる。

ハマボウの開花期間は一か月から一か月半であり、暖冬で早くから咲き始めた年でも開花期間は変わらない。熱帯ではほぼ年中開花するオオハマボウと異なる。ハマボウは汎《はん》熱帯種であるオオハマボウと共通の祖先に由来するものと思われるが、温帯気候に適応した繁殖生態をしているといえる。

果実と散布

果実は八月上旬から熟し始め、九月中旬にはほとんどすべてが熟す。この頃はまだ緑の葉が茂っているので、熟した黄褐色の果実が点々と枝の間から目だって見える。果実は熟すと果皮が裂けて開く蒴果《さくか》である。アサガオなどの蒴果《さくか》は熟すとすぐに裂開し、種子がこぼれ落ちるが、ハマボウの場合には、少しずつ裂開する。したがって、冬になってもすっかり落葉した枝に果実が残っているし、かなりの数の果実は、翌年の春にも枝に残っている。

ハマボウの樹下にカゴを置いて、種子の落下数を十月から翌年の七月まで半月ごとに調べたことがあるが、十月から翌年の六月まで種子は落下し、十一月と四月から五月にかけて落下のピークがあった。これは十一月のピークは果実がかなり開いたことによる落下であり、春のピークは蒴果《さくか》が朽ちたことによる種子落下であろう。このように長期間に渡って種子を落下することは、地上の種子捕食者を免れたり、散布のチャンスが高くなるなど、ハマボウにとって有利であろう。

果実は表面に黄褐色の毛が生えており、長径二六〜二八ミリメートル、短径一七〜一八ミリメートルの楕円体で、場所によって先端が嘴状に伸びるものとあまり伸びないものとがある。果実は五中裂の萼片《がくへん》に三分の二以上包まれており、五室に分かれ、一果実あたり三〇〜四五個の種子が入っている。種子は黒褐色で長さ五ミリメートル、腎臓形をし、種皮は堅く中に空室があるため水に浮き、実験では一か月浮かせておいても淡水では約八五パーセント、海水では九〇パーセントの種子が浮いていた。したがって、種子は海流で散布されるものと思われる。

しばしば打ち寄せられた塵の中に発芽したハマボウの幼個体を多く観察することができ、海水の影響を受ける立地でも発芽し、成長することを示している。しかし、日陰ではたとえ発芽してもすぐに枯れてしまい、群落内では芽生えは見られない。

大きな群落を観察すると、同じくらいの樹齢の個体がまとまって生えており、群落の縁では若い個体からなっていることがわかる。河川の下流や河口部では大洪水によって運ばれてきた土砂が堆積した新しい土地に一斉に芽生え、群落を形成したと思われる。

フヨウ属植物の分類

ハマボウはアオイ科のフヨウ属（*Hibiscus*）植物で、フヨウ属は熱帯から亜熱帯を中心に一部温帯まで分布する多年草、低木、高木で、約二五〇種がある。花は大型で美しいものが多く、古くから園芸用に栽培され、交配や改良などによって多くの品種がつくられ、熱帯産のものは一般にはハイビスカスとして知られている。

ハイビスカスは熱帯地方を代表する花木で、マレーシアの国花であり、ハワイの州花にもなっている。ハワイでは二十世紀になって多くの園芸品種がつくられ、栽培されているが、島ごとに異なる固有種も分布している。

日本にはハマボウのほか、オオハマボウ、テリハハマボウ、サキシマフヨウなど五種のフヨウ属が分布しているし、フヨウ、ムクゲも古くから栽培され、一部では野生化している所もある。また南日本ではブッソウゲ（ハイビスカス）が古くから栽培され、また近年は多くの品種が導入されているし、モミジアオイやアメリカフヨウも観賞用に栽培されている。

近年話題となったケナフも見られるようになった。しかし、トロロアオイ（トロロアオイ属）、オクラ（トロロアオイ属）、ワタ（ワタ属）、タチアオイ（タチアオイ属）などもアオイ科でよく似た花を咲かせるが、フヨウ属ではない。花の色から見れば、フヨウやムクゲなどは、薄紅色や紫色系統で、黄色系統の色をした花は全くなく、ハマボウとは違う属のトロロアオイ、オクラ、ワタは薄黄色の花で、ハマボウの花に似ている。しかし、フヨウ属植物にはめしべの先端部である柱頭が五裂することや、蒴果《さくか》の裂開《れっかい》のしかたに特徴がある。

フヨウ属に含まれる多くの種を比較すると、よく似た種群と少し違った種群とがあり、いくつかのグループに分けることができる。つまり属と種のランクのあいだに分類の単位を設けることができる。この単位を節sectionといい、多くの種を含む属では節の単位でいくつかのグループに分けると理解しやすい。日本に見られるフヨウ属植物は、オオハマボウ節（sect. Azanza）、フヨウ節（sect. Trionum）、ムクゲ節（sect. Hibiscus）、ブッソウゲ節（sect. Lilibiscus）に区分することができる（表4）。

オオハマボウ節は幅広い托葉があるなどの特徴がある。ハマボウはオオハマボウやテリハハマボウと共に

表4　ハマボウの仲間の分類表

- 種子植物門　Division Spermatophyta
  - 被子植物亜門　Subdivision Angiospermae
    - 双子葉植物綱　Class Dicotyledoneae
      - アオイ目　Order Malvales
        - アオイ科　Family Malvaceae
          - フヨウ連　Tribe Hibisceae
            - ・フヨウ属　Genus *Hibiscus*
              - オオハマボウ節　Section *Azanza*
                - ハマボウ　***H. hamabo***、オオハマボウ　***H. tiliaceus***
              - フヨウ節　Section *Trionum*
                - フヨウ　***H. mutabilis***、サキシマフヨウ　***H. makinoi***
              - ムクゲ節　Secion *Hibiscus*
                - ムクゲ　*H. syriacus*
              - ブッソウゲ節　Section *Lilibiscus*
                - ブッソウゲ　*H. rosa-sinensis*
            - ・トロロアオイ属　Genus *Abelmoschus*
            - ・ワタ属　Genus *Gossypium*
            - ・サキシマハマボウ属　Genus *Thespesia*

オオハマボウ節に含まれる。

日本に見られるフヨウ属植物

ハマボウ以外で日本に分布しているフヨウ属植物と、古くから栽培されているものを以下に紹介する。

オオハマボウ、一名ヤマアサ（*Hibiscus tiliaceus* L.）

ハマボウをオオハマボウの変種としていたこともあるほど、ハマボウに似ているが、和名のようにハマボウを全体に大きくしたような姿をしている。すなわち樹高はふつう五〜七メートルであるが、一〇メートルを超えるような大きなものもある。葉もハマボウよりも大きく円心形で、直径一〇〜一五センチメートルとなる。花もハマボウよりも少し大きく、中央部の斑点は暗赤色をしている（図20）。

図20　世界の熱帯の海岸に見られるオオハマボウ

オオハマボウはココヤシやグンバイヒルガオと同じように世界の熱帯から亜熱帯に分布しており、汎《はん》熱帯種とみなすことができる。これは種子が海水に浮きやすいためで、九〇パーセントの種子が約一か月、七〇パーセントの種子が約二か月発芽能力をもったまま浮き続けることが確かめられている。おもに海岸や沿岸に生育し、海浜の低木帯の内側に帯状に群落をつくるほか、マングローブの周辺にも群生し、二次的には内陸部にも拡がっている。日本では琉球列島の海岸にふつうに見られ、屋久島と種子島が北限となっている。また、小笠原諸島父島にも分布し、特に八瀬川の下流の汽水域に半マングローブを形成している。小笠原にはマングローブ植物が分布しておらず、その生育立地をオオハマボウが占有したと考えられる。

オオハマボウは海岸部に群生しているため、防風林や防潮林としての役割は大きく、石垣島では砂丘の上を被い、ハスノハギリと共に海岸林を形成し、防波堤としての機能を果している。沖縄や奄美大島ではユウナという地方名で知られ、秋篠宮家の二女佳子様のお印も「ゆうな」である。

有名な『栽培植物の起源』(一八八二)を著したド・カンドルはコロンブスによるアメリカ大陸発見以前に、旧世界と新世界の民族間の交流はなかったことを栽培植物の歴史から主張した。その考えをさらに発展させたのはアメリカ人のE. D. メリルであった。しかし、何人かの植物地理学者や文化人類学者から彼らの説を否定する証拠が次々と提示された。コン・ティキ号に乗ってペルーからポリネシアに航海したヘイエルダールはその代表的な人物である。彼の著書『大陸間—考古学的冒険』の中で新大陸とポリネシアのあいだで民族の接触があった証拠として、これまであげられてきた栽培植物を解説し、以下のようにまとめている。

その中にはサツマイモ、ココヤシ、ヒョウタンなどと共にオオハマボウが含まれている。「熱帯アメリカの原住民たちはオオハマボウから樹皮の衣類や水に強いロープを作ったり、発火材料にしているが、ポリネシア人も同じ利用方法をしていた。また、熱帯アメリカではオオハマボウのことをマホ、マハグアとこれに似た名前で呼んでいるが、ポリネシアではマオ、マウ、ヴァウ、ファウ、ハウ、アウなどと呼ぶ。オオハマボウの種子は海流で運ばれる可能性はあるものの、その利用法と名前の共通性は自然運搬では説明できない」として、南アメリカとポリネシアとのあいだで交流があったことを主張している。

ポリネシアに限らず、南大平洋諸島ではオオハマボウは民族植物学的に重要な植物で、フィジーでは「バウ、バウヌディィナ、バウディィナ、バウンドラ、バウレカ」などと呼ばれ、樹皮からロープを作り、柱を縛ったり、カヌーのアウトリガーを縛るのに使われているほか、潰瘍の治療にも使われている。

テリハハマボウ、一名モンテンボク（*Hibiscus glaber* Matsumura）

小笠原諸島の固有種で、海岸ではなく山地の斜面に生育する。葉の形はオオハマボウとよく似て丸味を帯び卵円形または円腎形であるが、それより小さく、直径一〇センチメートル以下である。和名のように葉の表面は光沢があり、裏面はオオハマボウやハマボウのように細毛で白色を帯びることはなく、無毛で緑色をしている。花は黄色で中心部は赤色となり、オオハマボウやハマボウと似ているが、小さくふつう直径三〜四センチメートルで、変異の幅が大きい。種子はオオハマボウとは違って海流散布能力を失っており、小笠原諸島以外には分布していくことができない。

海流で散布され、熱帯から亜熱帯に広く分布するオオハマボウが小笠原に侵入し、内陸の乾燥した立地に適応、分化してテリハハマボウになったと考えられるが、現在小笠原の海岸に生育しているオオハマボウとは異なる系統に由来することが確かめられている。つまり現在小笠原に見られるオオハマボウは、テリハマボウが分化した後に侵入してきたことになる。

サキシマフヨウ（*Hibiscus makinoi* Jotani et Ohba）

琉球列島の沿岸部に見られるものは、フヨウと思われてきたが、常谷・大場によってサキシマフヨウとして区別された。その違いはフヨウは若い茎や葉、花梗、萼などに腺毛が星状毛と共に多数見られるが、サキシマフヨウは星状毛だけであることや、葉の切れ込みがフヨウでは三角状で先が少し伸びて尖鋭状となるが、サキシマフヨウは伸長することなく、平たい三角状である。またフヨウよりも厚ぼったく、やや光沢がある。フヨウは落葉性であるが、サキシマフヨウでは冬の最低気温が０℃ぐらいでは落葉することはない。フヨウとの違いは腺毛や葉ばかりでなく、花の形や大きさ、色なども違う。花はフヨウよりも小さく、花弁はやや細い。花弁の長さを測定してみると、フ

図21　サキシマフヨウ（長崎県平島）

ヨウが六・五〜七・八センチメートルに対して、サキシマフヨウは四・五〜五・五センチメートルと約二センチメートル違う。花全体となるとサキシマフヨウが四センチメートル小さいことになるが、それほど違っているようには見えない。それはフヨウのそれぞれの花弁がやや内側に向いて咲くのに対して、サキシマフヨウの花弁は水平によく開くためである（図21）。

そのほか、めしべの長さ、おしべの数など両種のあいだには明らかに差がある。花期もフヨウは夏の終わりから秋にかけてであるが、サキシマフヨウはそれよりも遅く、秋から冬にかけて花を咲かせる。サキシマフヨウの花の色は一般にフヨウのような桃色ではなく、黄色がかった薄桃色から白色をしており、花の中央の蜜標も赤みがありはっきりしているものから、はっきりしないものまで、変異に富む。

生育地は沿岸部の荒れ地、道路の縁、堤、川原などであり、豪雨や台風などの自然の力による撹乱地や、人為の影響が強い道路の縁などに多く、撹乱依存種といえる。

サキシマフヨウは台湾、琉球列島から九州南部をへて、甑島、五島列島まで分布している。図鑑などには五島列島の福江島までとあるが、福江島に限らず、五島列島のまん中あたりまでややふうに生育し、ところどころ群生しているのが見られる。しかし、九州の東側である宮崎県や大分県には見られない。このように亜熱帯植物あるいは南方系植物で、琉球列島から九州南部をへて、九州の西部を北上分布し、九州東部に見られない分布を示すものを、九州西廻り分布型植物といい、ハマジンチョウ、タヌキアヤメ、キイレツチトリモチ、ハナビスゲなど多くの植物が知られている。サキシマフヨウに似ているイオウトウフヨウ（*H. pacificus* Nakai ex Jotani et H. Ohba）は小笠原硫黄列島に固有の種で、島の急斜面地に生育する。

フヨウ（*Hibiscus mutabilis* L.）

中国中部原産と考えられている落葉低木で、高さ二〜三メートルとなる。暖かい地方ほど主幹がはっきりし、よく伸長する。九州南部や沖縄では高さ数メートル以上になる。関東地方南部以西ではまれに野生化している所もあり、紀伊半島では熊野川沿岸に野生していることが知られている。伊豆半島では大正時代のころまで、樹皮を下駄の鼻緒に用いるために栽培されていたという。

私は長崎県長崎市南部の河川中流域に約六〇〇メートルに渡って一〇〇株以上が野生化しているのを発見し、花の形態などを詳しく調べたことがある。周囲はかなり急な山地に囲まれ、人里から離れているため、全くの野生状態であった（図22）。生育地は河川の縁や川原で、渇水期には水の流れはないが、豪雨時には川幅いっぱいに流水がある。したがって、かなり不安定な立地で、撹乱によってフヨウの群落が維持されているものと考えられる。

図22　河川沿いに野生化しているフヨウ

フヨウの花は八月中旬頃から秋にかけて咲き、ふつう薄桃色または白色で、直径一〇〜一三センチメートル、朝開いて夕方にはしぼむ。果実はやや扁球形で、直径約二・五センチメートル、長毛に被われる。熟すと上向きに五片に開き、種子を落下させる。種子は長さ二ミリメートルあまりで腎臓形をしており、背面にはやや硬い長毛が生えている。

一般に長毛をもつ種子は風散布に適応したものであるが、フヨウの場合は、この毛は風散布にそれほど役立っているものとは思われない。水に浮くことができるので、水散布に役立っているのかも知れない。また、毛がやや硬いため、羽毛などにも付着することができる。

フヨウは漢字で芙蓉と書くが、これは本来ハスのことであり、フヨウの漢名は「木芙蓉」と書く。

美しい花が咲き、栽培もしやすいことから古くから花木として好まれ、江戸時代にはいくつかの品種が栽培されており、『本草図譜《ほんぞうずふ》』には桃色の他に四つの品種が図示されている。フヨウの品種の中で、スイフヨウ（酔芙蓉）は最も有名で、花は八重咲きで、朝咲いた時には白色であるが、午後から薄い桃色となり、翌朝は紅色となる。品種名はこの花の色の変化を酒に酔って赤くなるのに例えたものである。

ムクゲ（*Hibiscus syriacus* L.）

中国原産の落葉低木で、高さ三〜四メートルとなる。六月下旬頃から十月上旬頃まで次々と多くの花を咲かせる。花の大きさはフヨウよりは小さくふつう直径五〜六センチメートルで、原種は紅紫色であるが、白色や八重咲きのものなど多くの品種がつくられているし、直径一〇センチメートルを超す大輪の品種もある。

ムクゲは花が毎日咲き続けるので韓国では「無窮花」といい、めでたい花とされ国花になっており、街路樹や生け垣などとしてよく栽培されている。日本には千年以上前に渡来したと考えられ、古くから庭園に栽培されていた。

江戸の前期に長崎の出島に来たケンペルが著した『廻国奇観《かいこくきかん》』の中にもローマ字でMukugeと紹介されているし、江戸時代の園芸書である『花壇地錦抄《かだんじきんしょう》』にはいくつかの品種が記録されている。ツバキと共に茶花として日本庭園に植えられ、古いお寺には江戸時代からの品種が受け継がれている。花弁が白色で中心が赤くなった品種の中に「宗旦《そうたん》」と呼ばれるものがあり、茶人に好まれてきた。宗旦は千利休の二男宗淳の子といわれる。

ムクゲをいう和名の語源は、漢名で「木槿」といい、モクキン、モクキ、モクゲ、ムクゲと転訛《てんか》したという説と、韓国名の「無窮花」を漢字読みしてムクゲと呼ぶようになったという説がある。古くはハチス、キハチスなどの別名もあった。越谷吾山《こしがやござん》（一七七五）の『物類称呼《ぶつるいしょうこ》』には「木槿、むくげ、東国にてはちす、京、江戸ともにむくげ、常陸及び上総下総にてきばち、またはもっきという。もっきん（木槿）の下略なり、九州にてぼんてんくわ、奥州にてかきつばき、またはきはちす（木蓮）という。これ和名なり」とある。

ムクゲは一般には中国から渡来したものであると考えられている。しかし、奈良県、和歌山県熊野川沿岸、山口県阿武川下流、静岡県伊豆河津川などに野生化していることが知られ、山口県阿武川下流のものは三好学によって、昭和三年「川上のムクゲ群落」として国の天然記念物に指定された。指定地のものは残念ながらその後集中豪雨によって流出してしまい、昭和四十三年には指定解除となってしまったが、今でも阿武川の両岸や近くの平家山（海抜二八〇メートル）の石灰岩崖地には自生が見られる。山口県内にはそのほか、上関町《かみのせきちょう》の祝島《いわいしま》、皇座山《おうざさん》、柳井市平郡島《へいぐんとう》、大島町の屋代《やしろ》などにも野生化している所がある。

6章　黒潮が運んだ南方起源の海流散布植物

熱帯起源のあるいは熱帯に分布の中心をおく植物の中で、黒潮に乗って運ばれ、日本本土まで分布を拡大した植物には、ハマユウ、ハマボウの他に、グンバイヒルガオ、ハマナタマメ、ハマジンチョウ、ハマナツメ、イワダレソウ、ハマゴウ、イワタイゲキ、ネコノシタなどがある。ハマナタマメは近縁種が熱帯に多く、ナタマメ属（*Canavalia*）としてはハマナタマメ一種だけが日本の暖温帯に分布している。古く熱帯地域から日本列島まで海流によって運ばれ、暖温帯の気候に種分化したものと考えられる。ハマゴウ（ハマゴウ属 *Vitex*）やネコノシタ（ハマグルマ属 *Wedelia*）なども同属の種は熱帯に多く、それらの種も海流によって熱帯から亜熱帯をへて、暖温帯である本州まで分布を拡げたものであろう。

ここではすでに紹介したハマユウとハマボウを除く、代表的な種について詳しく解説しておこう。

ツルナ *Tetragonia tetragonoides* (Pall.)O. Kuntze（ツルナ科）（図23）

海岸の砂浜に生育する多年草で、食用になることからも古くから知られている。日本では一科一属一種であるが、世界にはツルナ科に一一属あり、その中でツルナ属（*Tetragonia*）はおもに熱帯に分布し、アフリカに多くの種が見られる。本種が海流で散布されることは、後から述べるように明らかであるが、南方から黒潮によって日本列島に拡がったかどうかは、国内の分布を見ただけではっきりしない。しかし、南太平洋から広く分布していることや、ツルナ属植物の分布を考えると、やはり黒潮によって日本列島に分布してきたと見なすことができる。

形　態

茎は太くよく枝分かれし、砂浜をはう。大きなものはつる状に茎がよく伸びるが、他の植物によじ昇ることはほとんどない。葉は互生《ごせい》で、厚ぼったく、卵状三角形で、長さ四～六センチメートルとなる。花は葉腋《ようえき》に一、二個つき、花柄はごく短い。花弁はなく萼片《がくへん》は四、五個、内側は黄色である。

図23　『本草図譜』に描かれたツルナ

本種の特徴は、果実が草本にしては大きく、海流散布に適応している点である。果実は倒卵形で、上部に四、五個の突起がある。木質で硬く、中に数個の空室があり、それぞれ一個ずつの種子が入っている。しばしば植物体の下に多数の果実が見られるが、高潮などによって海に入り、よく浮くため、海流で散布される。

分布と生態

南アメリカからオーストラリア、ニュージーランド、南アジアなど太平洋沿岸に広く分布し、日本では琉球列島から北海道西南部まで見られる。海浜の高潮線付近に帯状に他の漂着物と共に種子が打ち上げられ、群落をつくる。このような群落を打ち上げ群落といい、ホソバノハマアカザやオカヒジキも同様な立地に生育するが、ホソバノハマアカザは波浪の影響がほとんどない内湾の浜に、オカヒジキは外海に面した砂浜に生育している。それに対して、ツルナは内湾の浜から外海に面した浜でも生育でき、砂礫《されき》浜に多く生育している。また、人為の影響にも強く、海岸の防波堤の縁やゴミ捨て場などにも旺盛に生育していることがある。

本種が熱帯から温帯まで広く分布しているのは、気温に対する適応性が高いせいもあるが、ほとんど一年を通じて種子をつけ、また種子発芽能力が優れているからである。汀線近くの不安定地では、短期間に生長し種子をつけることができるので、一年草としての生活も可能である。

記載の歴史

古くから食べられることが知られ、地方によってさまざまな名前で呼ばれていた。『本草図譜』では、「擁菜《いようさい》」とし、その他の地方名として「つるな、えんめいそう、いそかき、いそな、はまあかざ、はまな、はまかき」をあげている。「肥前宇土郡戸口村、伊豆西浦、相州、武州海辺砂地に多し……」から始まって、形態について詳しく説明している。

図24　海岸の巨礫の間に生育するイワタイゲキ

イワタイゲキ *Euphorbia jolkinii* Boiss.
（トウダイグサ科）（図24）

海岸汀線近くの岩場や礫浜に生育する多年草である。本種の日本における分布は、太平洋側は関東地方南部まで、日本海岸側は能登半島まで分布し、漂着果実と種子の分布パターンとよく似ている。また、南の地方ほどふつうに見られることから、黒潮や対馬暖流によって拡がったものと思われる。同じ属で琉球列島の海浜に多いハマタイゲキ（別名スナタイゲキ、*E. chamissonia* Boiss.）も黒潮によって熱帯から分布を拡大した植物である。

形　態

根元から多くのやや太い茎を出し、叢生《そうせい》する。葉は互生《ごせい》で、茎の下部から上部まで密についている。

隆起珊瑚礁上や岩の割れ目に生育しているものは小さく、高さ三〇センチメートル以下のものもあるが、漂着した有機物が堆積した大きな礫《れき》のあいだに生育しているものは、高さ八〇センチメートルを超えるような大きなものまである。

分布と生態

台湾から琉球列島をへて、済州島、朝鮮半島南部と九州、四国、本州に分布し、太平洋側は房総半島南部、日本海側では山口県、島根県隠岐、石川県能登半島に分布している。他のトウダイグサ科植物と同じように、種子は熟すと自ら飛ばすことができる、いわゆる自動散布植物であるが、その周辺に芽生えが見られることは少ない。発芽や定着が難しいのであろう。しかし、本種の分布や、汀線にほぼ平行に点々と生育していることから、海流で散布されるものと考えられる。

グンバイヒルガオ *Ipomoea pes-caprae* (L.) Sweet（ヒルガオ科）（図25）

グンバイヒルガオは世界中の熱帯から亜熱帯の砂浜に生育する常緑の多年生草本で、匍匐《ほふく》茎を長く伸ばし、光沢のある軍配形の葉を密生させて砂浜を一面に被い、その緑のじゅうたんの上に点々とピンクの美しい花を咲かせる。いわば熱帯の海浜草本植物の代表的な植物である。

形　態

図25　グンバイヒルガオ（大分県蒲江海岸、荒金正憲氏撮影）

茎は匍匐性で長く伸び、多く枝分かれして砂浜を被う。葉は厚く、光沢があり、円形から広楕円形で、先端は凹頭または浅く二裂する。花筒《かとう》はアサガオ型で漏斗状、色は紅紫色で、径五～六センチメートルで、点々と咲く。

果実は偏球形で直径二センチメートル、熟すと茶褐色となりやがて割れて中から四個の種子がこぼれ落ちる。種子は直径七～八ミリメートル、黒褐色で表面に黄褐色の短い毛が一面に生えている。この毛が海水をはじくと共に、種子の中には空所があるため、長いあいだ浮き続けることができ、海流で散布される。

分布と芽生え

汎《はん》熱帯種といわれるように世界中の熱帯と亜熱帯の海浜に生育する。日本では琉球列島、小笠原諸島と九州本土南部までで、開花・結実する生育地の北

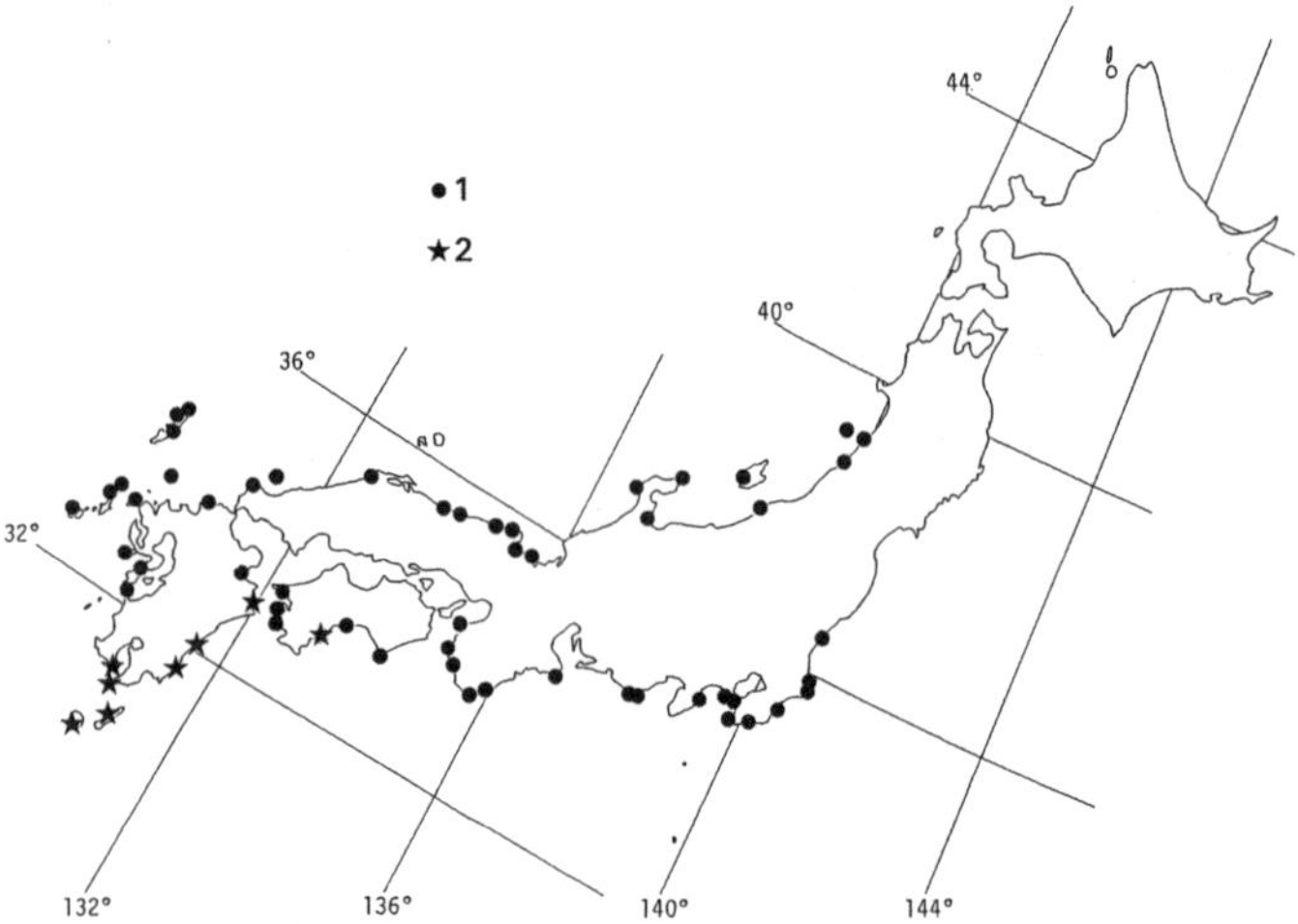

図26　グンバイヒルガオの分布
1.漂着発芽した幼個体の生育地（●）、2.繁殖個体の生育地（★）

限は宮崎県児湯郡高鍋町であったが、高知県や大分県でも越冬し、繁殖していることが知られている。それ以北の地域でも黒潮の影響を直接受ける海岸地帯には漂着した種子から芽生えた幼植物が見られる。海岸に漂着した種子を、打ち上がった多くの漂着物から見出すことは難しいが、発芽し、本葉が出たものは、その名が示すように軍配形の葉をしているので、本種とすぐにわかる。そのせいか、古くから日本各地で種子が漂着し発芽した記録があり、その北限は日本海側では山形県酒田市、太平洋側では茨城県にまでおよぶ（図26）。

九州西部ではグンバイヒルガオの芽生えは珍しくはなく、南方からの漂着物が見られるような海岸では毎年見ることができる。かつて能登半島の海岸をグンバイヒルガオの芽生えを探してまわったことがあった。その芽生えは、九州西部よりは少ないが、漂着物の多く見られる海岸ではたいてい見られ、珍しくないことを知った。また、十一月初旬に若狭湾に面した福井県大飯郡高浜町の海岸を訪れたときには、本葉二〇〜三〇枚をつけたかなり生長した個体を多く見ることができ、一瞬沖縄の海岸にいるような錯覚にとらわれたことがある。いかに多量の種子が黒潮によって熱帯あるいは亜熱帯地域から日本列島へ運ばれているか驚くほどである。

二〇〇六年九月には長崎市見崎町の汀線の距離五〇メートルほどの海岸で一〇〇個体以上の芽生えがあり、ハマササゲやこれまで見たこともない芽生えも漂着ゴミが堆積したゾーンに多く見られた。この年の夏はココヤシやその他の熱帯植物の漂着果実と種子が例年よりも多く、その年は対馬暖流が長崎県沖に近づいて流れていたと考えられている。しかし、同じ年の九月下旬には長崎県地方を台風が襲い、グンバイヒルガオやその他の芽生えはすべて消失してしまった。その後の観察によって日本本土におけるグンバイヒルガオの芽生えの多くは冬の寒さで枯死してしまうよりも、台風や高潮などによって枯れる場合が圧倒的に多いことがわかった。

高潮線付近の漂着ゴミが堆積した付近で芽生えても、再び訪れた高潮の影響を受けやすく、定着は無理である。二〇〇七年は長崎県に大きな台風はこなかったので、十二月にグンバイヒルガオの芽生えの調査を行ったところ、通常の高潮線付近ではなく、例外的に安定した場所まで打ち上げられ、芽生えたものは定着していることがわかった。

記載の歴史

南九州を除いて本種が見られるのは、西南日本の海浜に種子が漂着し、発芽したものだけであるので、一般にはあまり見かけない植物である。それにも関わらず、すでに岩崎灌園《いわさきかんえん》（一八三八）の『本草図譜』巻の二六と巻の四八の二か所にわたって記載があり、巻の二六には「豆州大島にあり、茎淡紅色にて甘藷の如く土中に引生ず葉の先凹にして軍扇の如く厚し」と簡単に記載し、巻の四八では「豆州属島大島の海浜暖地に生え、葉は甘藷に似て……」から始まり、やや長い記載がある。それぞれの記載にはほぼ同じ花のない図が描かれてある。『本草図譜』に登場する植物はほとんどが花と果実または種子が描かれてあり、このように葉と茎だけの図は珍しい。岩崎灌園は、漂着発芽した若い個体を見たのであろう。

明治十八年に牧野富太郎は高知県幡多郡佐賀の海岸で、はじめて見たサツマイモの一種と思った若い個体が、後にグンバイヒルガオであることがわかったことを記録している。昭和六年には太田馬太郎が、和歌山県各地のグンバイヒルガオの生育状況を記録しているが、その中で串本町では一〇数本が生育していたとのことである。その後も東北地方以南の各地の海岸から幼個体が発見されたことが記録されてきた。

分布拡大と生態

近年は地球温暖化のせいか、日本の冬の寒さは、しだいに緩やかになっており、西南日本では確実に雪の降る日が少なくなっているし、氷が張ることも少なくなっている。このような気候変化をいち早く感じ取っているのがこのグンバイヒルガオかも知れない。最近、高知県や大分県ばかりでなく、千葉県などで越冬したという報告があり、長崎県でも越冬したことを確認している。グンバイヒルガオは、地球温暖化にともなって分布を確実に拡げていくことができる植物であるといえる。

海底火山の爆発で、新しい島ができることがあるが、そこにもやがて何年かたつと生物が移り住み、その数は年々増加していく。熱帯や亜熱帯ではグンバイヒルガオが一番早く侵入することが知られている。小笠原諸島の父島の一三〇キロ西に、西之島新島ができ、三年後にはグンバイヒルガオの芽生えが見られた。一〇年後の調査も、その植物一種が群落を形成しただけで、他の植物は侵入していない。

石垣島の砂浜植生の変化を数年間にわたって調べたことがあるが、グンバイヒルガオについて驚いたことがある。台風に襲われた直後に訪れたときは、グンバイヒルガオの群落はひどく破壊されており、見る影もなかったが、半年後に同じ場所を訪れたときには、また元のように拡がって、砂浜を埋めつくしていた。その回復ぶりは恐らく海岸植物の中でももっとも速いであろう。しかもおもしろいことには、そのつる（匍匐《ほふく》茎）は海に向かってほぼ一直線にいっせいに伸びている。台風がしばらく来ないと、グンバイヒルガオは高潮線付近まで伸び、つる（匍匐茎）の一本の長さは三〇メートル以上にもなる。

図27　ネコノシタ（ハマグルマ）

ネコノシタ（ハマグルマ）　*Wedelia prostrata* (Hook. et Arn.) Hemsl.（キク科）（図27）

西南日本の砂浜にややふつうに見られる匍匐《ほふく》性の多年草で、茎は地下茎となって長く伸びるため、砂浜に多く、礫浜にはほとんど見られない。まれに崖などから垂れ下がって生育していることがある。

形　態

茎は四角で、剛毛が生え、長く伸びて、多く枝分かれしている。葉は対生で、長楕円形または卵状長楕円形、長さ二〜四センチメートル、縁に少数の鋸歯がある。葉質は厚く、両面にまばらに剛毛が生えている。ネコノシタという和名は猫の舌のように葉がざらざらしていることに由来する。花は頭状花で、黄色、周囲にまばらに舌状花をつける。痩果《そうか》はコルク層をもち、海水に浮きやすい。

分布と生態

東アジアの熱帯から暖温帯にかけて分布し、日本では琉球列島、九州、四国、本州の福島県と新潟県以南に見られる。新潟県では佐渡島の羽茂町と小木町（現佐渡市）、柏市荒浜と西蒲原郡巻町（現新潟市）に生育している。砂丘のやや不安定地に群生し、ケカモノハシ、ハマニガナやオニシバなどと一緒に生育している。

近縁種

ネコノシタと同属（ハマグルマ属*Wedelia*）の植物は、熱帯に多くの種があり、日本にはネコノシタ以外に、クマノギク（*W. chinensis* (Osbeck) Merr.）、オオハマグルマ（*W. robusta* (Makino) Kitam.）、キダチハマグルマ（*W. biflora* DC.）が見られ、合計四種が産する。その中で、ネコノシタはもっとも北まで分布する種であり、小型である。すなわち、日本ではクマノギクは琉球列島、九州、四国南部と本州の伊豆半島と紀伊半島に、オオハマグルマは、琉球列島と九州南部、四国南部、本州の紀伊半島西部、キダチハマグルマは琉球列島と九州南部に分布している（図28）。いずれも果実は海流で散布されると思われ、黒潮に乗って日本列島に拡がったものであろう。この中でクマノギクだけは海岸近くの湿った地に生え、他の種は砂浜に生育している。

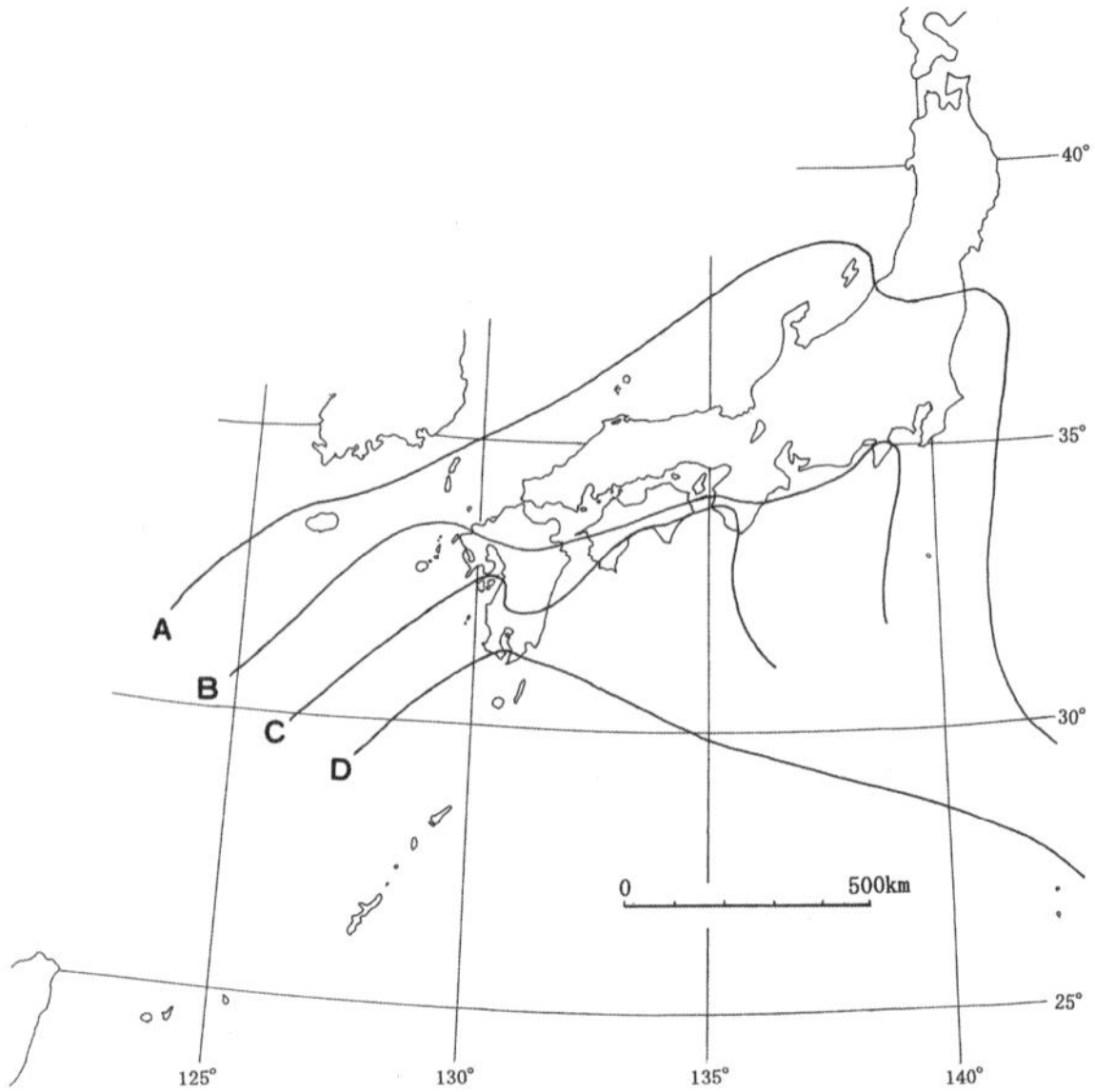

図28　ハマグルマ属植物の分布北限線　A.ネコノシタ、B.クマノギク
C.オオハマグルマ、D.キダチハマグルマ

ハマナタマメ *Canavalia lineata* (Thunb.) DC.（マメ科）（図29、30）

ハマナタマメは、名前のように大きな果実をつけ、種子もグンバイヒルガオの二倍以上大きい。つる性の茎を海浜にはわせるが、さらに海岸低木林にもよじ登ったり、時には海岸の崖からも垂れ下がったり、生育立地はグンバイヒルガオよりも幅広い。

形　態

葉は三出した丸味のある小葉で質は厚い。茎は長く伸び、分布の北部では海岸の崖地から垂れ下がってい

図29　ハマナタメ

図30　漂着した種子から発芽したハマナタマメ

るが、日本の南部では砂礫浜に生育し、匍匐《ほふく》している。ときには海岸低木林にからみつき、数メートルの高さになることがある。夏に総状花序《そうじょうかじょ》を出し、一〇個近くの花を少しずつ咲かせる。

花弁は厚く、あざやかなピンク色でよく目だつ。果実はナタマメより小さく、長さ八・五〜一一センチメートル、幅二・五〜三・五センチメートルで、中には五、六個の種子が入っている。果実は熟して褐色に変わるが、開裂することはなく、冬になっても親植物についたものが多い。しかし、やがて壊れて種子がこぼれ落ちる。種子はひじょうに堅く、そのままでは発芽しないが、傷をつけてやるとすぐに発芽する。自然界では芽生えがよく見られることから、波や風によって種子が砂や石の上を転がって傷つけられるのであろう。種子は海水に浮き、海流で散布される。

分　布

東アジアの海岸に分布するといわれ、日本では琉球列島から九州、四国、本州の房総半島と島根半島以西に見られる。北限は島根県八束《やつか》郡鹿島町（現松江市、北緯三五度三二分）である（図31）。しかし、能登半島の石川県羽咋《はくい》市柴垣や羽咋郡富来町（現志賀町）増穂ヶ浦《ますほがうら》の海岸で、高潮線近くのオカヒジキ群落の中に子葉と本葉二〜三枚をつけた本種を発見することができた。新潟県佐渡島や山形県飛島《とびしま》でもまた、太平洋側でも茨城県鹿島郡波崎町《はさきまち》（現神栖《かみす》市）でもその芽生えが発見されたことがあり、種子が海流で運ばれ、漂着発芽していることがわかった。

記載の歴史

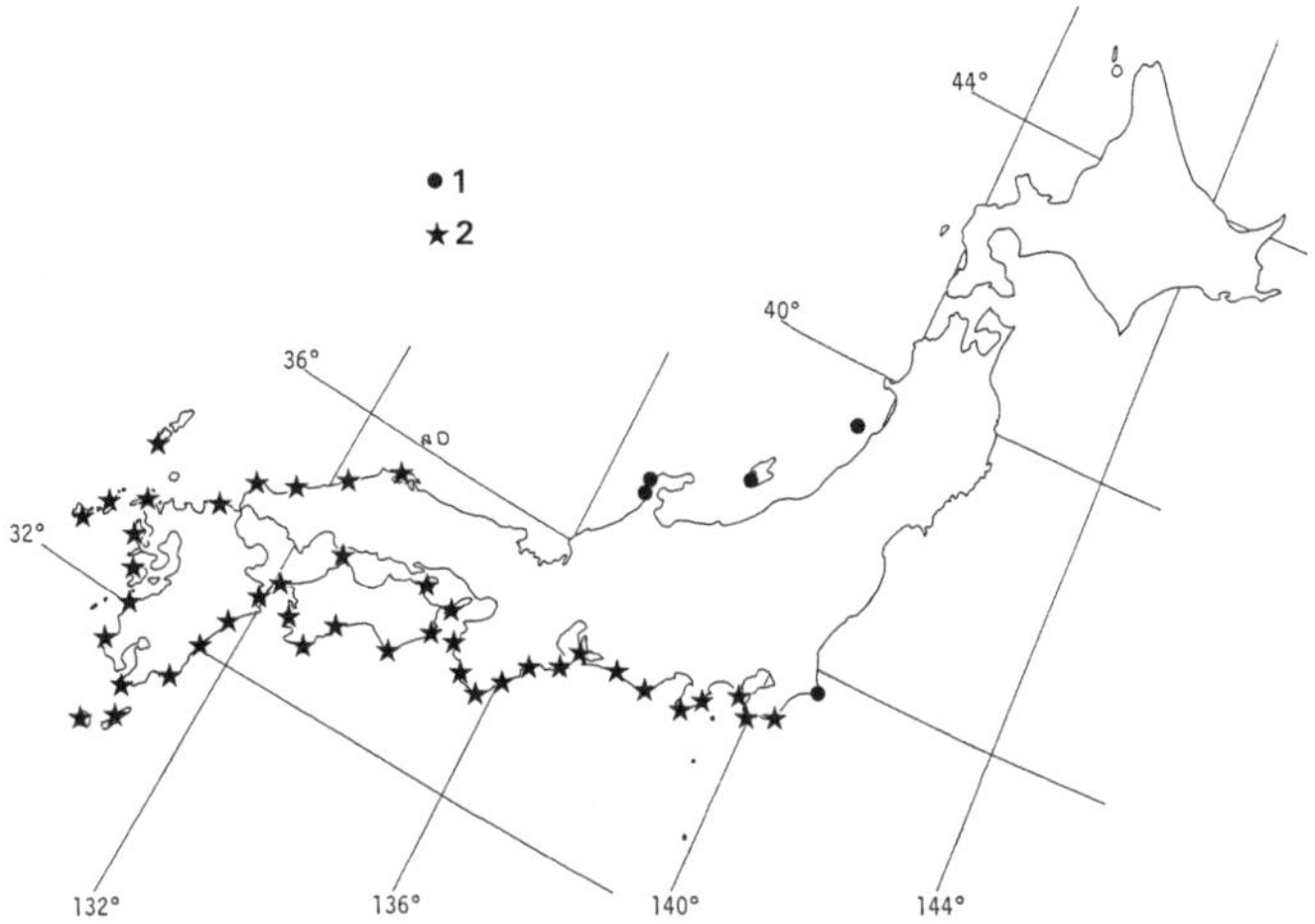

図31　ハマナタメの分布　1.漂着発芽した幼個体の生育地、2.繁殖個体の生育地

江戸時代の本草学者の貝原益軒（一七一五）の『大和本草』には磯豆《いそまめ》とあり、「海浜の野に生ず、葉は葛の葉に似て厚し、柿葉にも似たり、末広く尖りなし、実は莢ありナタマメに似たり、ナタマメより短く相ならう葛豆というものの如し……」と形態を説明し、若い莢《さや》を煮て食べる者があるが、有毒で食べられないことも記されている。岩崎灌園（一八三八）の『本草図譜』には二ページにわたって葉、茎、花、果実、種子の図があり、「はまなたまめ、いそまめ」とし、「播州、志州、紀州、四国の海辺に自生し、……」とあり、『大和本草』の記載を引用している。

小野蘭山（一八〇三～〇六）が著した『本草綱目啓蒙』では、「黄環《おうかん》」の名をあげ、よくわからないとしているが、後に弟子の梯南洋《かけはしなんよう》（一八四四）が補正した『重修本草綱目啓蒙』では「黄環はハマナタマメなり、一名イソナタママメ、ハマクズカズラ（薩州）、ハマタテワキ（阿州）、タチワキ（土州）、南方暖国海浜の砂地に自生あり……」にはじまり、『大和本草』の記載よりも詳しく形態を述べ、植物体は毒があり、子供が食べて中毒をしたことなどが記載されている。

近縁種

ハマナタマメにひじょうによく似たナンカイハマナタマメ一名ナガミハマナタマメ（*Canavalia rosea* (Sw.) DC.）はグンバイヒルガオと共に世界中の熱帯の海岸に分布し、砂浜にカーペット状に群落をつくる。本種が琉球列島南部に分布していることがわかったのは、比較的最近になってからのことであり、それまではハマナタマメと混同されていた。

和名も学名も混同しており、葉や花の形態はよく似ているが、ナンカイハマナタマメの方が少し小さい。

両種のはっきりとした区別点は果実と種子で、果実は長さ一〇・五～一二センチメートルとハマナタマメより長く（図32）、一果実中の種子数は七～一〇個と多い。種子は少し小さめで、黒紫色をしている。また、花の色がナンカイハマナタマメの方が濃い色をしている。慣れれば簡単に区別ができる。八重山諸島や台湾の海岸でもハマナタマメの記録があるが、私はハマナタマメを確認したことがなく、すべてナンカイハマナタマメのようである。

学名はふつう *C. maritima* が使われている。これら二種のナタマメ属（*Canavalia*）植物とは

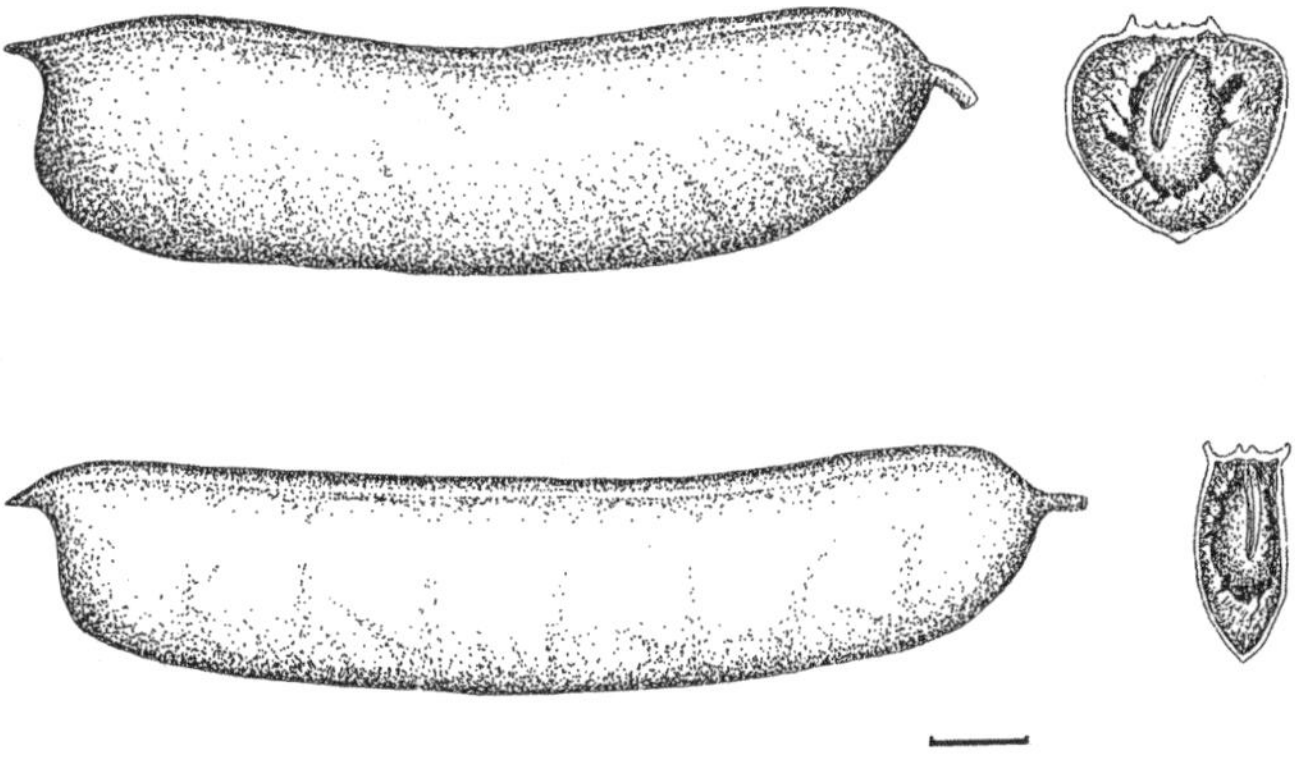

図32　ハマナタメ（上）とナンカイハマナタメ（下）の果実。スケールは1cm

生態が違って、林の縁などに生育するタカナタマメ（*C. cathartica* Thouars）も、ポリネシアや熱帯アジアから中国南部、台湾をへて、琉球、奄美大島まで分布している。

ハマゴウ *Vitex rotundifolia* L.fil.（クマツヅラ科）（図33）

海浜の安定地に生育する匍匐《ほふく》性の落葉低木で、南日本の海岸ではふつうに見られる海岸植物である。南日本の海浜植生の帯状分布の中で、ハマゴウが優占した群落は、海浜草本群落の内陸側に発達した矮小低木群落としてはっきりとしたゾーンを形成している。これは北日本のハマナス群落に相当する。

植物体全体に香りがよく、特に果実を枕に入れるとよく眠れるとか、頭痛持ちが治るといわれ、地元の人が採取しているのを見たことがある。漢方では果実を蔓荊子《まんけいし》といい、鎮静、消炎の効果があるとされている。

形　態

茎は長く伸びて、砂礫《されき》浜を匍匐《ほふく》して拡がる。植物高は、海側では低く三〇～五〇センチメートルであるが、内陸側では一メートルを超える高さとなる。葉は対生《たいせい》で、広倒卵形から楕円形で、鋸歯はない。葉表は灰緑色であるが、葉裏は微細な軟毛が密生し、灰白色をしている。七～八月に枝先に短い円錐花序《えんすいかじょ》を出し、薄紫色の唇形花を咲かせる。果実は直径六～七ミリメートルの球形で灰褐色、果皮はコルク質でできており、軽く海水に浮きやすい。中心に核があり、四個の種子がある。

分布と生態

東南アジアの熱帯域からポリネシア、南はオーストラリアの温帯域まで、北は中国、朝鮮、日本の温帯まで拡がり、日本では北海道を除く、全国の海浜に見られる。砂丘では汀線からかなり離れた地点からハマゴウ群落が始まるが、礫浜ではそれだけ安定しているので汀線から近い所から始まる。

記載の歴史

古くはハマハイ（波万波比、波万波非）と呼ばれ、平安時代中期の『延喜式《えんぎしき》』や『和名類聚抄《わみょうるいじゅしょう》』にすでに名前が登場しているし、室町時代の『下学集《かがくしゅう》』などにも記録されている。江戸時代には一般に「蔓荊子《まんけいし》」または「蔓荊《まんけい》」と呼ばれ、『大和本草《やまとほんぞう》』（一七一五）にも海浜に生育することや茎、

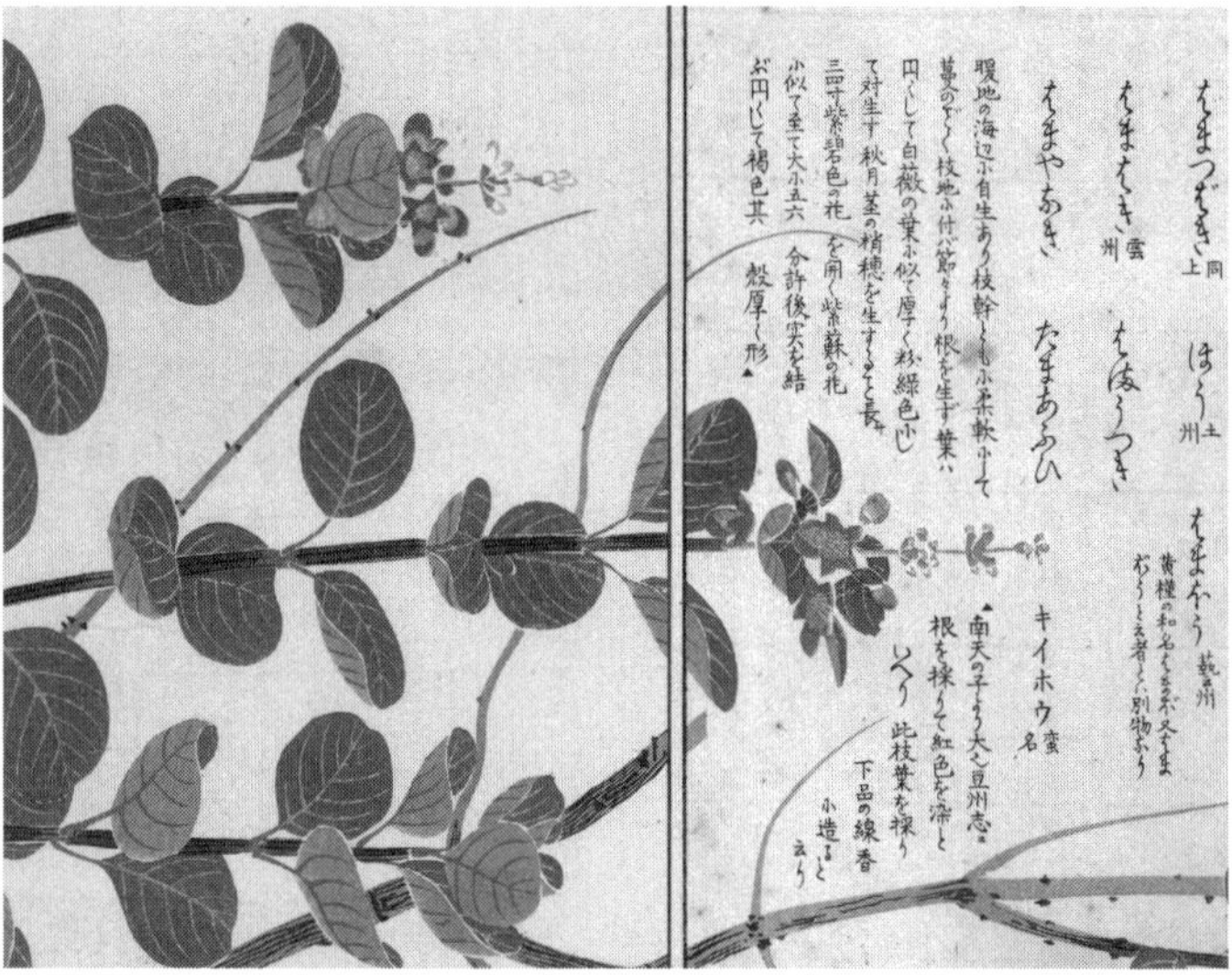

図33　『本草図譜』に描かれたハマゴウ

葉の特徴が簡単に記されている。『本草綱《ほんぞうこう》目啓蒙《もくけいもう》』（一八〇三〜〇六）には「蔓荊」以外の名として「ハマハヒ、ハマシキミ、ハマカヅラ、ハマゴウ、ハマツバキ、ホウ、ホウノキ、ハマバウ、ハマハギ」をあげている。この中で現在の標準和名であるハマゴウの名は、佐渡の地方名であることが記されている。『本草綱目啓蒙』の中のハマゴウの説明は詳しく、生態や形態について記載し、果実については以下のような説明がなされている。「後《のち》円実を結ぶ。胡椒より大なり。熟すれば黒色、下に五弁の帯あり、白色。この子皮至って厚し。内に白仁あり」。果実の中の状態についても観察している。

近縁種

日本に産するハマゴウ属（*Vitex*）植物

は、ハマボウ以外にミツバハマゴウ(*V. trifolia* L.)とその変種のヤエヤマハマゴウ（*V. trifolia* var. *bicolor* (Willd.) Moldenke）がある。ミツバハマゴウは和名のようにふつう三小葉があり、葉柄が一～二センチメートルと長く、花はハマゴウよりも少し小さい。

ミクロネシアから東南アジア、東アフリカまでの旧熱帯に広く分布し、日本の奄美大島まで拡がっている。ヤエヤマハマゴウはそれと似ているが、明らかに小葉柄がある。母種と同じように旧熱帯に広く分布するが、日本では西表島だけに見られる。鹿児島県や琉球列島に分布するハマゴウの中に葉が三小葉をもつものがあり、カワリバハマゴウ（*V. rotundifolia* f. *heterophylla* (Makino) Kitamura）と呼ばれるが、花はハマゴウと変わらない。

ハマジンチョウ *Myoporum bontioides* A. Gray（ハマジンチョウ科）（図34）

樹高や葉の感じが、ジンチョウゲに似ていることから名づけられたものであるが、分類学的にはまったく異なり、ハマジンチョウ科に属する。塩湿地に群生し、半マングローブ植物の一つである。長崎県五島列島が北限の亜熱帯植物であるが、琉球列島では珍しく、五島列島の中五島では生育地が多い。

形　態

図34　ハマジンチョウ

塩湿地に生育する常緑の小低木で、樹高はよく生長しても二メートル以下と低く、根元から多く分枝し、下部の枝は半ば匍匐《ほふく》する。葉はやや厚く柔らかく、花は紫紅色で、周辺部の色が薄くなっているものや、その逆に中央部の色が薄く、周辺部の色が濃いものもある。花の直径は約二・五センチメートル、冬から春にかけて咲かせる。果実は倒卵形で、直径九〜一一ミリメートル、コルク層が発達し、内部に一〜三個の種子がある。果実は海水に浮き、二か月間浮かせておいても発芽能力を失わず、海流で散布される。

分布

インドシナから台湾、琉球列島をへて九州西部、長崎県まで分布し（図35）、九州東部や四国には見られないが、三重県度会《わたらい》郡南伊勢町獅子島にも生育している。この獅子島は神社のある小島で、

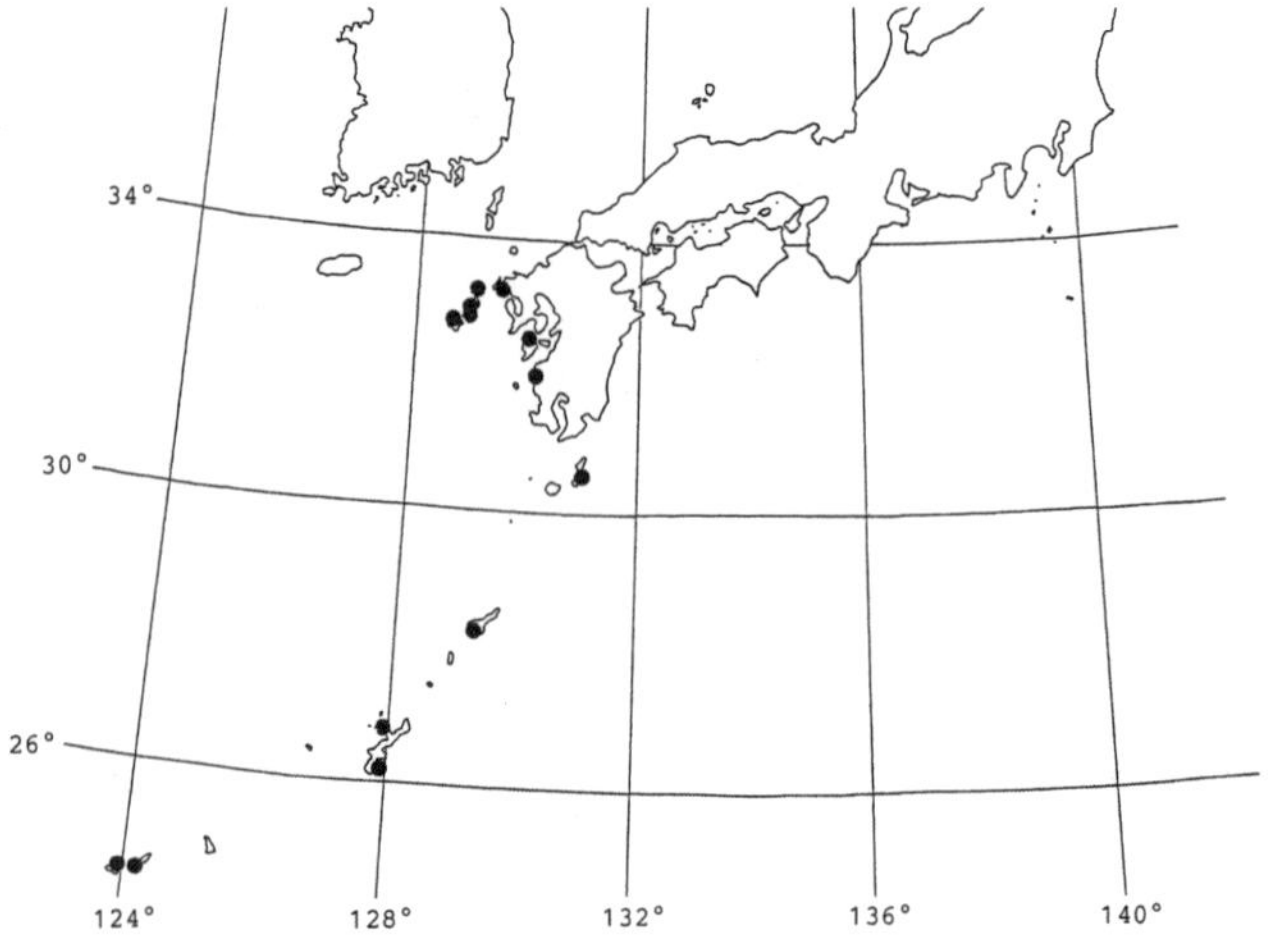

図35　ハマジンチョウの分布

伊勢の漁師が長崎県五島より奉納の意味でこの島に植栽したという考えもあり、真の自生か明らかではない。長崎県五島列島は分布の北限地域であるが、琉球列島や九州南部よりも旺盛に繁茂しており、中五島の若松瀬戸周辺では、ほとんどの入り江に生育している。

このように南方系植物の中で、九州の東側には分布せず、西側にのみ北上するものを「九州西廻り分布型植物」といい（5章参照）、ハマジンチョウのほか、ナタオレノキ、クワノハエノキ、ヒメキランソウ、キイレツチトリモチ、ハマトラノオ、タヌキアヤメなど多い。

生態

生育立地は内湾の海岸や河川の河口部などで、ハマボウ群落と接するところでは、より汀線に近いところに生育している。北限に近い長崎県五島ではよく繁茂しているが、沖縄や種子島の自生地は限られている。本種が、小低木であるので、亜熱帯域ではマングローブ植物との競争に負け、十分繁茂できないのではないだろうか。

ハマナツメ *Paliurus ramosissimus* (Lour.) Poiret（クロウメモドキ科）（図36）

日本には近縁種はなく、ハマナツメ属として一種が中部地方南部以西の海岸塩湿地の近くにまれに生育しており、各県で絶滅危惧種に指定されている。

図36　『草木図説』に描かれたハマナツメ

形　態

落葉低木で、樹高はふつう三〜四メートル、根元から斜上した幹が二〇〜四〇本叢生して伸びている。幹からはトゲをもつ数一〇センチメートルの枝を密に出す。このトゲは若い枝ほど鋭く、株が古くなると小さく、少なくなる。大きな株では樹高四・五メートル、胸高直径五〜九センチメートルの幹を数一〇本伸ばし、約六メートル四方に拡がる。葉は無毛、ややうすい革質で光沢があり、長さ三～四センチメートル、幅二・五～三・五センチメートルで、広卵形または広楕円形をし、鈍きょ歯をもつ。晩秋に落葉し、冬芽は毛で被われる。

果実は九～十月に熟し、冬にかけて落下する。半円球で端は翼状となっており、高さ五～六ミリメートル、直径一一～一六ミリメートルである。中果皮は木質またはコルク質で、内果皮はひじょうに堅い。内部は三室に分かれ、それぞれ一ずつの種子が入っている。種子はレンズ状で、長さ三～四ミリメートル、やや扁三稜形、平滑で赤褐色である。このような果実の構造は明らかに水散布に適した構造で、海水によく浮く。河口付近の打ち上げられたゴミの中に多数のハマナツメの幼個体を見たことがある。

分布

インドシナ、中国南部、台湾、琉球列島から九州、四国南部をへて中部地方南部までの日本と韓国済州島《さいしゅうとう》に分布している。日本では静岡県静岡市（旧清水市）の産地が埋め立てですでに絶滅しており、本州では紀伊半島南東部のみである。四国では徳島県南部、高知県、愛媛県南部に分布しているが、徳島県は一か所、高知県はかつて三か所の産地があったが、現在は一か所のみ、愛媛県は現状不明の状況である。九州では宮崎県、鹿児島県本土と甑島《こしきじま》、種子島、長崎県本土と福江島、熊本県本土と天草、琉球列島でもまれである（図37）。

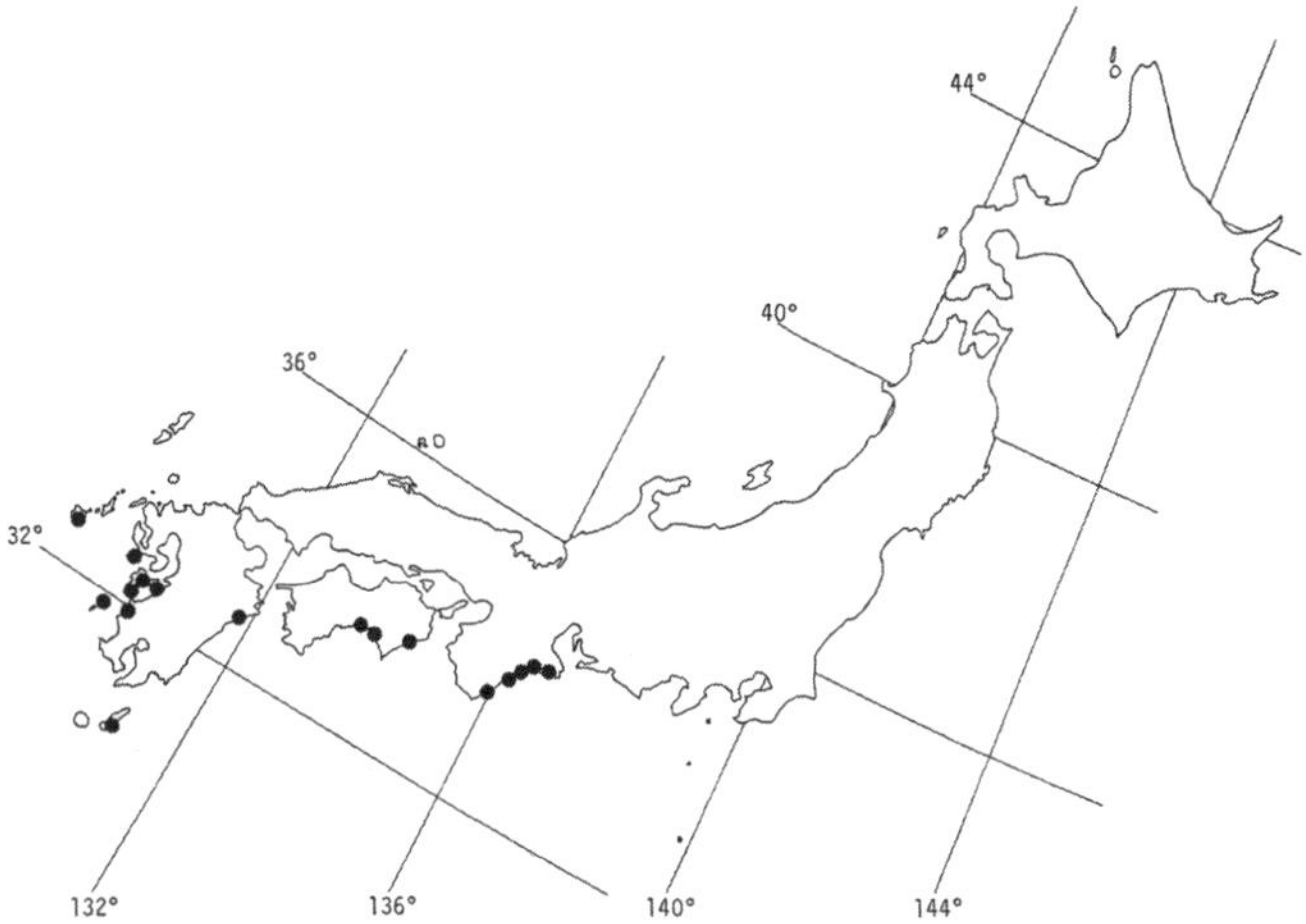

図37　ハマナツメの分布

生態

単木で生育しているものもあるが、ふつうは群落をつくっており、ハマナツメ一種が優占した低木林をなし、下草は乏しいものからフサスゲ、アゼナルコスゲ、チョウジソウ、コヤブランなどが密に被ったものまで幅がある。生育立地は、ハマボウやハマジンチョウと似ているが、それらよりは耐塩性に乏しく、直接海水の影響を受ける所には見られず、海跡湖岸が多いのが特徴である。海跡湖というのは、かつて海水が流入していた入り江が、海側の部分が土砂の堆積でせき止められて湖となったもので、ふつう湖水の塩分濃度は淡水に近い。このような限定された立地条件しか生育できないため、絶滅した産地も多い。

海跡湖岸のほか、河川の下流および河口や海岸にもまれに見られる。長崎県福江島や済州島《さいしゅうとう》では土壌の浅い溶岩海岸に群生している。しかし、果実は海流で散布されることは確かである。したがって、果実がまれに起こる高潮によって、ふつうは海水の影響を受けない所に打ち上げられた場合のみ定着できると考えられる。

第二部　ハマユウとハマボウの歴史と民俗

7章　古典の中の植物

都会の中ばかりで生活をしていると、自然を意識することはほとんどないが、ヒトの生活は歴史をさかのぼるほど、自然に依存することが多く、食料をはじめあらゆる生活物資を直接野生の動植物や鉱物などの自然物から得ていた。したがって、それらの利用できる自然物に名前をつけることは当然であるが、直接利用できなくても、毒になるものや、危険なものなど生活に関わるすべてのものに名前をつけて区別していたに違いない。

南米や東南アジアの原住民たちが、動植物の名前や利用方法を詳しく知っていることに驚かされるが、日本人もかつてはそうであった。動物や植物などの自然物を記載することは、江戸時代になってから行われるようになったが、それより前の時代では文学作品や歴史物語にしばしば植物の名前が登場している。それらを見ると日本人が生活に役立つかどうかを抜きにして、純粋に植物をはじめ、自然に興味をもっていたことがわかる。

ハマユウもハマボウも海岸という限られた場所に生育しており、またそれほど生活に役立つ植物として利用されることもなかった。しかし、その記載の歴史はこれから紹介するように対照的である。すなわちハマユウは多くの古典の中に登場しているが、ハマボウは江戸時代になってから文献に登場するようになる。その理由はハマユウがたまたま万葉集に詠われ、ハマボウが詠われなかったためだけとは思われない。

ハマユウが古典に頻繁に登場するのは、今の人が全く知らない何らかの理由があったに違いない。

この章では奈良時代から室町時代までの古典の中に記載された植物と共に、ハマユウがいつの時代に、どのような書物に登場し、またどのような表現の中でその名前が使われたのか紹介してみよう。

記紀の植物

日本のもっとも古い文献といえば『古事記』（七一二年）と『日本書紀』（七二〇年）である。『古事記』は天武天皇が企画し、元明天皇の詔《みことのり》によって稗田安礼《ひえだあれい》が暗誦していた神話・伝説的な内容を太安万侶《おおのやすまろ》が記録してまとめたものである。三巻からなり、上巻は神代、中巻は神武天皇から応神天皇まで、下巻は仁徳天皇から推古天皇までの記事が書かれてある。『日本書紀』は元正天皇の命により舎人《とねり》親王が太安万侶らの協力を得て、神代から持統天皇までの歴史を記述したものである。両書の中にはそれぞれ七〇余りの植物が記されているが、そのうち五〇種類近くがどちらの書物にも共通に出ている。

共通のものにはアサ、アズキ、アワ、イネ、ダイズ、ムギなどの栽培植物や、サカキ、シイ、クリ、スギ、ヒノキ、ツバキ、ケヤキ、マキ、マツなどの自生の木本類《もくほん》、ススキ、チガヤ、ヒオウギ、ヨシ、ヒシ、ジュンサイなどの自生の草本類《そうほん》が含まれている。これらの植物名を見るといろいろなことがわかる。栽培植物はいずれも日本に自生するものではないので、すでに海外との交流があり、導入されたと考えられる。スギやヒノキは当時はまだ植林されることがなかったから、身近に自生のものが多く見られたに違いない。

両書物全体では、草本《そうほん》が四三種類、木本《もくほん》が四八種類、竹類が五種類とコケとして一種類、合計九七種類の植物の名前が出ている。分類別ではヨシ、イネ、ムギ、チガヤなどのイネ科植物がもっとも多く、次いでサクラ、ノイバラなどのバラ科、シイ、カシなどのブナ科植物が多い。いずれも美しい花の咲く植物は比較的少ない。これは次の節で紹介する文学的な書物に出てくる植物とは大きく異なる。

万葉集の植物

『万葉集』は日本のもっとも古い歌集で、全二〇巻からなり、四四九六首の歌が登場する。あるときにまとめて出されたのではなく、最初は奈良時代の初期に二巻ができ、それを元に、奈良時代の終わり頃から平安時代の初期の頃までに百年以上かけて完成させたものである。詠み手には天皇から皇族、僧侶、農民にいたるまで、あらゆる階級の人々が含まれており、多くの植物が詠われているのも大きな特徴である。

『万葉集』に詠われた植物を、特別に「万葉植物」といい、その種類は約一六〇種もあり、各地にそれらを集めて栽培した万葉植物園がつくられているほどである。万葉植物の解説や研究は現代になってから行われたのでなく、江戸時代中期にすでに『万葉集名物考』として『万葉集』に詠われた動植物が考証されており、江戸末期の一八二二年に『万葉動植考』、さらに一八三八年には『万葉草木考』が出されている。それらのタイトルから明らかなように万葉植物だけでなく、『万葉集』に詠われた動物の解説も行われてきた。それらは万葉植物に比べてあまり知られていないが、鳥類をはじめ、哺《ほ》乳類、魚介類、昆虫類など多くの動物が詠われている。

『万葉集』に詠われた四〇〇〇首以上の歌の中で、植物が詠われたものは一五四八首にものぼる。つまり約三分の一が植物を詠んだ歌であることになる。その中でもっとも多く登場するのはハギ、次いでウメ、マツ、タチバナ、アシ（ヨシ）、サクラの順であり、『古事記』や『日本書記』と違って、観賞用の植物が多くなっているといえる。その中で柿本人麿はハマユウを次のように詠っている。

「み熊野の　浦の浜木綿《はまゆう》　百重なす　心は念へど　直《すぐ》に逢わぬかも」

この歌は平安時代の歌人に大きな影響を与えたばかりでなく、この歌の解釈をめぐって古くから現代に至るまでさまざまな意見が出されてきた。詳細は9章で述べるが、いずれにしても『万葉集』はハマユウが登場したもっとも古い文献である。

平安時代の古典文学

平安時代は七九四年の平安遷都から一一八五年の平家没落までの約四〇〇年間をいう。政治や文化など、最初の頃は中国の影響を強く受けたものであるが、やがて国風文化が成熟してくる時代を迎える。

『万葉集』はその後の日本文学に大きな影響を与えてきた。特に平安時代の上流社会では歌を詠むというのは、教養の一つであり、とりわけ『万葉集』を愛読し、それにならった歌が多く詠われた。勅撰集の中にも『万葉集』の歌をそのまま取り入れている例もある。先に紹介した柿本人麿の「み熊野の　浦の浜木綿……」の歌も『古今和歌六帖』（成立年代平安時代初期〜中期？）や『拾遺和歌集』（平安時代中期）にそのまま載っている。

『古今和歌六帖』には柿本人麿の「み熊野の　浦の浜木綿……」の歌のほか、ハマユウを詠った和歌が新たに四首も載せられている。

「み熊野の　浦の浜木綿　幾重ね　我より人ぞ思ひますらむ」

「思ます人　しなければ　み熊野の　浦の浜木綿　重ねだになし」

「いとしく　憂み熊野の　浜木綿に　重ねて物な　思はせそ君」

「み熊野の　浦の浜木綿　幾重ねとも　我をば人の　思ひ隔つる」

『拾遺和歌集』には『万葉集』の歌が一二一首も含まれており、中でも柿本人麿の歌が圧倒的に多い。この中に新たに平兼盛によって、次の歌が詠まれている。

「さしながら　人の心を　見熊野の　浦の浜木綿　幾重なるらむ」

平兼盛は平安中期の代表的な歌人で、三十六歌仙の一人である。上の歌は人の心を見るとみ熊野のみをかけたものである。

これまでに紹介した歌で気づかれたと思うが、「浜木綿」に続くことばがいつも「重ね」とか「幾重《いくかさ》ね」あるいは「幾重《いくえ》」となっている。つまり、歌の中ではすでに植物としてのハマユウではなく、「浜木綿」は次に続くことばの導入、すなわち序詞として使われているに過ぎない。

平安時代あるいはそれ以後であっても、『万葉集』の歌を知っており、そこに使われたさまざまなことばを自分の歌の中に取り入れることが教養と考えられていたのであろう。今の考えでは盗作と思われるような歌もたくさん詠われている。ハマユウを見たことがなくても、柿本人麿の和歌の影響で「浜木綿」ということばがその後も和歌や物語の中でさかんに登場している。

『落窪《おちくぼ》物語』は作者不詳で、いつごろ出されたか不明であるが、その内容から『枕草子』より前の十世紀末ごろにできたと考えられる。これは主人公の落窪の姫が継母の北の方にいじめられるが、ついに左近少将・道頼と結ばれ幸せになるという物語である。その巻の二に、中将に縁談が持ち上がり、彼を慕っている姫君が心中穏やかでない状況の中で次のような会話がなさている。

女「隔てける人の心をみ熊野の浦の浜ゆういくへならむ（訳　隔てのあるあなたの心は、熊野浦のハマユウのように幾重にも重なっていることでしょう）」

男君「あな憂。さればよな、なほ思すことありけり。真野の浦に生ふる浜ゆふかさねなでひとへに君を我ぞ思へる（訳　ああ情けない。そうであればやはり心配していることがあるのですね。真野の浦に生えているハマユウのように、隔てが幾重にも重なっているのではなく、ただ私はあなたを思っているだけです）」

ここにきて浜木綿が「幾重」とか「重なる」などの序詞から、さらに発展して「隔て」に結びつくことばとして使われるようになってきたことが明らかになる。

『蜻蛉《かげろう》日記』は藤原道綱の母の日記で、三巻よりなり、九五四年から九七四年までのことが書かれてあるが、その上巻にハマユウが出てくる。

「おもふこころも　いさめぬに　うらのはまゆふ　いくかさね　へだてはてつる
からごろも……」

これは作者の夫の藤原兼家に対する心情を、ハマユウが重なっているように、障壁が重なっていると表現したものである。

『枕草子』は一〇〇〇年頃に清少納言によって書かれた随筆で、『源氏物語』と共に平安時代の代表作である。その内容の中で特に興味を引くのは、自然物、自然現象などを「鳥は」「木の花は」などと項目に分けて列挙し、感じたことを簡潔に述べている点である。ハマユウはその六四章の「草は」に、多くの植物と共に以下のような文章の中で紹介されている。

「しのぶ草、いとあわれなり。道芝、いとをかし。芽花《つばな》もをかし。蓬《よもぎ》いみじうをかし。山菅《やますげ》。日陰。山藍。浜木綿。葛。笹。あをつづら。薺《なずな》。苗。浅芽《あさじ》、いとをかし。」

平安時代の文献に出てくるハマユウは、これまで述べたように和歌の中にことばとして使われているだけであるが、この『枕草子』の文章は、ハマユウを植物として書いている。平安の都ではハマユウは冬の寒さのために栽培されることはなかったであろうから、清少納言がハマユウを実際に見たかどうかは明らかでないが、少なくともそういう植物の特徴をある程度知っていたといえる。

清少納言や紫式部に続いて、名の知られている平安時代中期の女性に和泉式部がいる。三十六歌仙の一人で、『続後撰和歌集』の中に、ハマユウを詠った歌がある。

いくかさね、と言ひをこせたる人の返事に

「とへと思ふ　心ぞ絶えぬ　忘るるを　かつみ熊野の　浦のはまゆう」

これまでも述べてきたように「はまゆう」は「重ね」に続く序詞であるが、最後にきており、最初の「とへ」が「問へ」と「十重」とを掛けており、重ねにつながる意味となっている。すなわち「訪ねてくださいと、み熊野の浦のハマユウのように重ねて思う心は絶えることがない。あなたから忘れ去られているのを知りながら」という意味になる。

『宇津保《うつほ》物語』は十世紀末につくられ、作者は源順《みなもとしたごう》あるいは藤原為時などといわれているが、はっきりしない。二〇巻よりなり、この中の「蔵開《くらびらき》」の章に「かくて順《ずん》の和歌、行政《ゆきまさ》の中将の書きつくる、御硯《すずり》の近きを、さらぬようにて、筆を取り給ひて、御果物《おほんくだもの》の下なる浜木綿にかく書き給ふ」という一文がある。その訳は「こうして、順々に回る和歌のときに、行政《ゆきまさ》の中将が歌を書き付けるための御硯《すずり》が近くにあったので、さり気ない顔で筆をお取りになり、酒の肴の下に敷いた浜木綿にこのように書き付けなさる。」となる。ここでのハマユウは葉鞘《ようしょう》をはいで紙のようにした製品のことを示しており、ハマユウが敷物に使われたり、ものを書く紙として使われていたことがわかる。このことについては11章で詳しく述べることにする。

『源氏物語』は十一世紀（一〇一〇年頃）に書かれたもので、著者が紫式部であることや、主人公が光源氏であることなどは、誰でも知っているが、植物との関係はあまり知られていない。『源氏物語』に出てくる植物については、湯浅浩史博士によって詳しく分析されている。以下、彼の研究を参考に紹介してみよう。

まず、『源氏物語』は五四帖からなるが、その半分は植物に関係した題名がつけられている。例えば桐壺《きりつぼ》、夕顔、若紫《わかむらさき》、末摘花《すえつむはな》、葵《あおい》などである。それらはその章に登場する人物の名前でもある。物語全体では一一〇種類の植物が出てくる。登場する植物の数でいえば『万葉集』の方が多い。これは多くの歌人によって詠われたものであるが、『源氏物語』は紫式部という一人の女性によって著されたものである。『源氏物語』が世界的に見ても女性によって最初に書かれた物語であるばかりでなく、多くの植物が出てくる点においても特異なことである。紫式部が特別に植物に思い入れがあったに違いない。『源氏物語』は植物なしには成立しえない作品といえる。

『源氏物語』でもっとも多く登場している植物はマツで、次いでサクラ、ウメ、フジ、ヤマブキ、ナデシコ、キクの順であり、『万葉集』よりもさらに美しい花が咲く植物が多く登場している。これは著者である紫式部の好みが現れた結果であろう。その中でハマユウも以下のような文章の中に一回だけ使われている。

「殿の、さようなる御容貌《かたち》、御心と見給うて、浜木綿ばかりの隔てさし隠しつつ、何くれともてなし紛らわし給ふめるもむべなりけり……」、この意味は、「殿は、(彼女が)もともとこの程度のご容姿、このような性格であることをご承知のうえで、幾重にも浜木綿のような隔てをおきながらお忘れにならず、何かと気をつかって取りつくろっておられるのだろうが、それもなるほど結構なことだった……」となる。

『栄華《えいが》物語』は宇多天皇から堀川天皇までの十五代二〇〇年間の事柄を藤原道長の栄華を中心に書かれた歴史物語で、四〇巻からなる。正編三〇巻は赤染衛門《あかぞめえもん》作といわれ、一〇二九年から一〇三三年ころに成立し、続編一〇巻は出羽弁《でわのべん》の作といわれ、一〇三三年から一一〇七年ごろに成立した。

この中に次のような文がある。

「女房の車多からず、十五ばかりぞある。袖口衣の重なりたるほど。浦のはまゆうにあらむ。幾重ともしりがたし」

『山家集《さんかしゅう》』は西行法師の歌集で、晩年、高野山から伊勢へ移住するまでの作品を集めたものである。三巻からなり、上巻は春・夏・秋・冬に分けた四季の歌、中巻は恋・雑の歌、下巻は雑の歌からなる。ハマユウが詠われているのは中巻の雑の歌の中で、

「み熊野の　浜木綿生ふる　うらさびて　人なみなみに　年ぞ重なる」

とある。熊野の浜にハマユウが生えてさびしい感じがするが、自分もハマユウの葉が重なっているように、人並みに年だけは重なってさびしいという思いを詠ったものである。西行は平安時代末期の歌人で、彼の死後まもなく鎌倉幕府が開かれることになる。

鎌倉・室町時代

鎌倉時代は源頼朝が平家を滅ぼし、はじめての武家政権を樹立し、鎌倉幕府を開いた十二世紀末から一三三三年までの約一世紀半をいう。次いで政権をにぎったのが足利尊氏で京都に幕府を開いた一三三六年から室町時代が始まり、一五七三年に織田信長によって滅ぼされるまで約二三〇年続

いた。この時代も平安時代と同じように「浜木綿」を主にことばとして詠ったものであるが、柿本人麿の『万葉集』の中で詠った「浜木綿」の原点に戻って、植物としてのハマユウを解説するものも登場してくる。

『金塊和歌集』は源実朝の歌集で一二一三年に出されたが、ハマユウが出てくる歌が含まれている。

「み熊野の　浦の浜木綿　言はずとも　思ふ心の　数を知らなむ」

『仙覚抄《せんがくしょう》』は、鎌倉時代の天台宗の僧であった仙覚律師によって完成された『万葉集注釈』のことである。万葉集の研究は今日まで多くの人々によってなされてきたが、仙覚律師はその基礎を築づいた人で、一三歳のときに万葉集の研究を志し、六七歳の時（一二六九年）に完成させたという。

『仙覚抄』の中に柿本人麿の「み熊野の　浦の浜木綿……」の歌の解説として、以下のように記している。

「はまゆふを詠めるみ熊野の浦は伊勢の国なり、はまゆふは芭蕉《ばしょう》に似て小さき草也、茎は幾重ともなく重なりたるなり、へぎてみれば白くて紙などのように隔てのある也、大臣大饗などには鳥の別足つつまんように、伊勢のみ熊野の浦よりめしのぼせらるるといえり」

この解説は和歌の説明というより、ハマユウの説明となっており、多くの葉が重なった偽茎《ぎけい》が紙のように一枚ずつはぎ取ることができ、当時それが利用されていたことがわかる。

『夫木抄《ふぼくしょう》』は一三一〇年頃に勝間田長清《かつまたながきよ》が選者となった私選集で、一万七〇〇〇首余りの和歌を三六巻に納めたもので、この中には四人の歌人によってハマユウが詠われている。

「みくまのの　浜ゆふわけて　ささすみれ　かさねて色の　むつましきかな」

皇太后宮大夫俊成

「みくまのの　浜ゆふかけて　ほととぎす　なくねかさねよ　いくへなりとも」

源俊頼朝臣

「みくまのや　紀路よりみゆる　百恵山　おなじ数なる　浦の浜ゆふ」

権僧正公朝

「みくまのの　浦の浜ゆふ　みえぬまで　いくへかすみの　たちへだつらむ」

資隆朝臣

『太平記』は後醍醐天皇の時代から後村上天皇までの約五〇年間におよぶ南北朝時代の戦乱のようすを書き記した歴史的書物で、全四〇巻からなる。小島法師の作といわれるが、多くの人によって書き継がれてできあがっていったものであるといわれ、一三七一年ごろに完成した。大塔宮一行が旅をする中で、紀伊の国に入ったときのようすを、以下のように書いている。

「由良の湊を見渡せば、沖漕ぐ舟の梶をたへ、浦の浜ゆう幾重とも、しらぬ浪路に鳴千鳥、紀伊の路の遠山遥々と、藤代の松に掛かれる磯の浪、……」

その訳は「由良の湊を見渡すと、沖をどこへ行くかわからぬ舟、海岸のハマユウが幾重にも重なり、そこで波間に鳴くちどりの声を聞き、紀伊の遠い山並みを広々と見渡し、藤白の海岸の松の根を洗うように寄せる波、……」である。

一五一三年には、連歌師の月村斎宗碩《げっそんさいそうせき》が『藻塩草《もしおぐさ》』を著している。これは奈良時代から詠われてきた和歌に出てくることばを解説した、いわゆる歌語辞典のような内容である。この中の「浜木綿」の条下の「うらのはまゆふ」と書いた下に、「みくまのにあり　此《この》みくまのは志摩国也　大臣の大饗の時はしまの国より献ずるなる事旧例也　是をもって雉《きじ》のあしをつつむ也　抑此《そもそも》はまゆふは芭蕉《ばしょう》に似たる草の茎の皮の薄く多く重なれる也　百へとよめるも同儀也又これにけさう文を書て人の方へやるに返事せねば其人悪しと也、叉云これに恋いしき人の名を書きて枕の下にをきてぬれば必ず夢みる也、此みくまのは伊勢と云説もあり何にも紀州はあらず云々」とある。

この解説の前半は『仙覚抄』の引用であるが、後半はハマユウについての興味深い言い伝えを紹介している。

さらに一二〇一年に出された『千五百番歌合《うたあわせ》』の中の後鳥羽院の和歌に

「よろづよと　みくまの浦の　浜ゆふの　かさねても猶　つきせざるべし」

以上のように平安時代から室町時代には多くの文献にハマユウの名が出ているが、植物としての紹介ではなく、『万葉集』や『古今和歌六帖』にある柿本人麿の和歌の影響を受け、「幾重にも重なる」という意味の縁語として比喩的にハマユウを用いたものが大部分である。したがって、それらの著者が本当のハマユウを知っていたかどうかは疑わしい。しかし、中にはハマユウを植物として詠った歌もある。百人一首の歌人でよく知られている壬生《みぶの》忠見《ただみ》の歌集の中に「三熊野に舟よせて浜ゆふとる人なり」と題して次のような和歌がある。

「みくまのの　浦の浜ゆふ　わが舟の　中にいくらを　つみてかへらむ」

すでに述べたように『枕草子』は明らかに植物としてハマユウの名をあげているし、『宇津保物語』はハマユウからつくられた紙として利用していたことを示している。『仙覚抄』に至っては、ハマユウを植物として解説していることから、清少納言や仙覚律師らはハマユウという植物をよく知っていたと考えられる。

8章　江戸時代の本草学と園芸

江戸時代は一六〇三年に徳川家康が江戸に幕府を開いたときから、十五代将軍慶喜が大政奉還をした一八六七年までの二六五年間をいう。この時代はいろいろな分野の文化が花開いた時代であり、またその担い手としてしばしば庶民が主役となったのもそれ以前には見られなかった特徴である。室町時代までは植物は歴史的・文学的な作品の中でしか紹介されなかったが、江戸時代になって動植物を紹介する目的でまとめられた本草書《ほんぞうしょ》や園芸書など、いわゆる植物の専門書ともいえるものが出版されるようになった。

江戸の前期においては中国の本草学の影響を強く受けていたが、しだいに薬用になるかならないかに関係なく自然物を記載する日本独自の本草学へと発展していった。長崎の出島を通じてヨーロッパの学問である蘭学が拡がり、江戸末期になると、リンネの分類法にしたがって、種を配列した植物の本も出版されるようになった。すなわち、江戸時代は日本の本草学が、園芸学を取り込み、さらに蘭学の導入によって、しだいに自然科学の一分野としての植物学として成立してきた時代といえる。

ハマユウは平安時代から室町時代まであれほど有名であったが、江戸時代になり多くの植物の専門書が出されたにも関わらず、園芸書や地方の本草書に記載されただけで、著名な本草書に記載されることはなかったし、名前がハマオモトに変えられてしまった。一方、ハマボウは江戸時代になってはじめて文献に登場し、著名な本草書に次々に紹介された。

この章では江戸時代の本草書と園芸書を紹介しながら、日本の本草学が自然科学に発達していくようすと、その過程でハマユウとハマボウがどのように扱われたかを紹介しよう。

本草学の発展

本草学《ほんぞう》（本草ともいう）は、薬用を中心とした動植物や鉱物などの自然物を研究、記載する古典的な学問のことで、それを記した書物を本草書という。日本の本草学は中国の本草書を学ぶことから始まった。

一六〇七年、徳川家康の命を受けて、林羅山《らざん》が長崎ではじめて『本草綱目《ほんぞうこうもく》』を入手した。その本の影響を受けながら、日本の本草学が江戸時代を通して発達することになる。林羅山の『本草綱目序註』（一六六六）に代表されるように初期の頃は、『本草綱目』の解説や紹介が中心であったが、しだいに日本の動植物に関心が集まり、薬用になるものに限らず、役に立たないものまで含めてもっと幅広く動植物などを扱い、それらの特徴を記載するようになった。すなわち経済的な価値の有無に関わらず、純粋に自然物を記載する博物学に近づいていった。

一六六八年に中村惕斉《てきさい》によって刊行された『訓蒙図彙《くんもうずい》』はいわば図説百科事典で、さまざまな項目について図と簡単な説明が記されている。自然に関する項目がその半分ほどを占め、植物や動物が多く載っている。この本自身は本草書とはいえないが、この時代には生物図鑑に類する書物がなかっただけに、その後の多くの本草学者が参考にした本であることは疑いがない。図も中国の『本草綱目』にあるような幼稚な絵ではなく、より写実的なものとなっている。

日本の本草学は中国の本草学と違い、その内容が博物学的であるのが特徴であるが、その初期の代表的なものとして貝原益軒《かいばらえきけん》の『大和本草《やまとほんぞう》』（一七〇八）をあげることができる。

貝原益軒は福岡で生まれ、若いころは京都に出て朱子学、本草学を学び、黒田藩（福岡県）では儒学者として仕えた。藩をやめた後、七〇歳を過ぎてから有名な『養生訓《ようじょうくん》』をはじめ多くの著書を著し、『大和本草』を著したのは八〇歳のときである。これには薬用植物ばかりでなく、薬用に使える動物、鉱物のほか、利用価値のありそうにない雑草なども含めて点産物総数一三六六種類が記載されている。この本の巻九（草之五）には、浜木綿《はまゆう》が紹介されている。この記載は江戸時代の文献の中でもっとも詳しいもので、先に著した『花譜《かふ》』（一六九四）の内容に、その後に得られた情報を加えたもので、少し長いが全文を紹介する。

「浜木綿　ヲモトに似たり、俗名にハマオモトともいう、海辺に生ず、七八月白花をひらく、茎高くのびて只梢に数花あつまりひらく、巻丹（オニユリのこと）の花に似たり、好花に非ず、季秋実を結ぶ、花さきたるあとに数果みのる、一果の大きさ胡桃《くるみ》の如し、内に核無し、白肉有り、万葉集第四柿本人丸歌に言う、みくまののうらの浜ゆう重えなるこころは思えどただにあわぬかも、仙覚抄言う、浜ゆうは芭蕉《ばしょう》に似てちいさき草也、茎の幾重ともなくかさなりたる也、へぎてみれば白くて紙となるように、へだてあるなり、大臣大饗などには鳥の別足つつまれうに三熊野浦よりしてのぼせらるるといえり、綺語抄《きごしょう》言う、浜ゆうは芭蕉葉に似たる草浜に生える也、茎の百重あるなり、篤信曰く今按《こんあん》に、西土にもあり、ハマバセウと言う、紀州熊野の濱に多し、甚だ雪寒を畏れる、宅中にうえては冬月わらにてあるくつつみ、或いはこもを以ておおうべし然らずんば枯れる　盆にうえて屋下の暖所におくべし、海辺にありては、潮風温かにして雪早く消えるゆえ、かれず、二種あり一種は葉薄柔く、其の茎の皮多く重なれり、是百重なるとよみしなるべし、一種は葉つよくあつし、茎の皮かさならず」

この記載で興味深いのは、ハマユウが冬の寒さに弱く、保護をしなければ枯れること、鉢に植えて軒下の暖かい所に置くことなど、すでに栽培されていたことがわかる。また、最後の部分で、ハマユウに二種類あるとしているが、その理由はよくわからない。当時は、違う種類の植物も含めてハマユウと呼んでいたのであろうか。

次に紹介する『和漢三才圖會《さんさいずえ》』にも、ハマユウの記載の中に二種類のものを含んでいる。しかし、本物のハマユウは葉が厚く、葉鞘《ようしょう》が重なっており、上の説明は明らかにハマユウとそれとは異なる植物とを混同している。

ハマボウについても、『大和本草』の巻一二（木之下）に「濱山茶（ハマツバキ）」の名をあげ、

「小樹なり、海浜近地にあり、葉はつばきに似て冬に脱つ、花は黄色なり」と説明している。濱山茶とはハマボウのことで、今でも福岡県糸島半島ではそう呼ばれているし、前原市と志摩町の境を流れる泉川下流部など、福岡県にはハマボウ群落が各地に残っている。

多くの本草学者が京都や江戸にいたのに対して、貝原益軒は中央から遠く離れた福岡にいたためか、中国の本草書の影響をあまり受けず、ハマボウに関していえば、漢名を用いず、地方で呼ばれている植物名を用いたことや、生育地について記載したことなど、自らの野外観察にもとづく点は注目に値する。

一七一三年には日本最初の本格的な百科事典である『和漢三才圖會』が寺島《てらしま》良安《りょうあん》によってまとめられた。これは天文部から醸造部までの全一〇五巻の大著で、内容の半分ほどが本草学に関係した動植物、鉱物の項目となっている。この中に「木藜蘆（モッリイロウ）」の項目があり、「はまゆう、はまばしょう、はまおもと」の名がつけられ、小さな花のない図が記載されているが、この図はハマユウではない。本文は、二つのものについて説明がなされてあり、一つはキエビネの説明と考えられる。もう一つの説明は、南紀の海岸にあって、高さは二尺あまり、茎葉は少し芭蕉に似て、南蛮きびの苗にも似ていること、京や大阪に植えることは寒さのため難しいことなどが記されていることから、ハマユウの説明と考えられる。しかし、花が黄色と誤って書いてあり、他の植物と混同している。

江戸の園芸

江戸時代は平和で安定した時代が続いたので、花木や草花を鑑賞するために栽培し、楽しむという、今でいう園芸が盛んに行われるようになった。それは徳川家康をはじめ、二代将軍秀忠、三代将軍家光も花好きであったために、諸大名から旗本など武家社会に拡がっていった。

植物の種類によって土や水やり、陽当たりなどを変えることができる鉢植えが普及し、より多くの植物の栽培が可能となった。そればかりでなく、庭園をもたない町民までが庭木や草花の栽培を楽しむことができるようになっていった。

江戸の染井や青山には多くの植木屋が集まり、単に増殖、販売をするばかりでなく、野生植物の園芸化、栽培法の研究、品種改良なども行い、新しい園芸品種を生み出した。また、園芸植物についての解説や栽培法などをまとめたいわゆる園芸書も多く刊行され、その数は二百数十冊にものぼる。

日本最初の園芸書は一六六四年水野元勝《みずのもとかつ》によって出された『花壇綱目《かだんこうもく》』で、ボタン、シャクヤク、キク、ツバキ、ウメなどの花木を中心に一八四種類が取り上げられ、簡単な特徴と栽培法が記されている。江戸の園芸は今のガーデニングブームと似た点もあるが、特定の種類について時代ごとに流行があり、珍しい品種が高値で取り引きされたり、投機の対象となったりした。その主な植物はアサガオ、イワヒバ、マツバラン、オモト、ツバキ、キク、ボタン、カエデなどである。それぞれの植物で多くの品種を紹介した図集や栽培法を解説した本も出された。

例えば『あさがほ叢』（一八一七）には上巻に一八五種類、下巻に三一七種類のアサガオの変わりものが紹介されているし、『松葉蘭譜《まつばらんふ》』（一八三六）には一〇〇以上のマツバランの品種が載っている。それらを見ると、今では見られないものも多く、いかに夢中になっていたのか驚かざるをえない。

ハマユウが園芸書に最初に紹介されたのは、前の節で紹介した貝原益軒によって著された『花譜《かふ》』（一六九四）の中である。この本は園芸植物を多く紹介し、種類によっては栽培の方法も書かれてあるので、園芸書といえるが、彼は園芸家ではなく本草学者である。ハマユウについては「葉は芭《ば》蕉《しょう》に似て小さく、厚くして堅し。海濱に生ず。葉の本幾重にもかさなれり。……」からはじまって、あとは『仙覚抄《せんがくしょう》』の中の記述を引用しているだけで、栽培のことは書かれていない。

江戸時代に刊行された園芸書でもっとも有名なものは、江戸染井の園芸家伊藤伊兵衛（三之丞）が著した『花壇地錦抄《かだんじきんしょう》』（一六九五）である。この本は草花や庭木などの園芸植物を総合的に解説した本であり、すでにいろいろな品種が栽培されていたことがわかる。この本の中にはハマユウのことが二か所に書かれてあり、「朝顔るひ」の項の最後に「浜おもと　葉はおもとのごとし花白し。

表5　江戸時代におけるハマボウ記載の歴史

年代	著　者	文	ハマボウの名称	図	記載内容
1695	伊藤三之丞	花壇地錦抄	はまぼ	なし	花
1708	貝原益軒	大和本草	濱山茶	なし	樹形、生育地、葉、花
1733	伊藤伊兵衛	地錦抄附録	浜ぼ	なし	栽培法
1765	島田充房・小野蘭山	花彙	金木蘭、ハマバウ	あり	樹形、生育地、葉、花、季節
1809	水谷豊文	物品識名	ハマボウ、黄槿	なし	名前のみ
1828	岩崎灌園	本草図譜	はまぼう、ほうのき、黄槿、金木蘭	あり	分布、樹形、葉、花
1828	水野忠暁	草木錦葉集	はまぼ布、黄槿	あり	葉、花
1839	山本亡羊	百品考	右納、ハマボウ	なし	生育地、樹形、葉、花
1839	小原良直	紀伊続風土記	ハマボウ、黄槿	なし	分布、生育地
1844	小野蘭山・梯　南洋補正	重修本草綱目啓蒙	ハマボウ、黄槿	なし	葉、花
末期	飯沼慾斎	本草図説	ハマボウ、右納 Hibiscus tiliaceus	あり	生育地、樹形、葉、花
末期	櫟斎阿部	草木育種後編	ハマボウ	なし	栽培法、花

はまべにあり。」とあり、さらに栽培方法を説明した項に「浜おもと　植比春・秋。砂に植る。此草は浜辺の砂の中に生るゆへ、持悪物なり。冬は打わらを以てつつみたるよし（訳　植え付けは春と秋。砂に植える。この草は浜辺の砂の中に生えるものなので、育てにくいものである。冬は打ちわらで包んでおくとよい）」とある。この本の中ではハマユウではなくハマオモトの名前だけが使われていること、また育てにくいこと、寒さに弱いことが書かれてあることは注目すべきことである。

ハマボウが最初に文献に登場したのも、この『花壇地錦抄』である（表5）。この本の第三「木槿《むくげ》のるい」の項にいくつかのムクゲの品種と共に「はまぼ　花形木槿のごとく、色うこん」と紹介されている。この本は草花や庭木などの園芸植物を総合的に解説した本であり、すでにいろいろなムクゲの品種が栽培されていたことや、同じアオイ科のハマボウをムクゲと同じ仲間として扱ったことは興味深い。

『花壇地錦抄』を著した伊藤伊兵衛（三之丞）の息子と考えられる伊藤伊兵衛（政武）の『地《じ》錦抄《きんしょう》附録』（一七三三）にも、ハマボウのことを「浜ぼ」とし、「ムクゲに接ぎてよくつく」とある。一八二八年には、水野忠暁《ただとし》が斑入り植物ばかりを集めた『草木錦葉集《そうもくきんようしゅう》』を著している。この本の中には一〇〇〇余りの斑入りの植物が記録されており、世界的に珍しい斑入りの植物図鑑となっている。江戸末期の園芸ブームは単なる観賞用に優れた植物を栽培するのではなく、珍品、奇品がもてはやされた時代であった。水野忠暁は旗本であったが、一万鉢もの植物を栽培しており、父母も植物の栽培に熱心であったという。

この本の中にハマユウについて線上に白色斑が入った「浜おもと布」と、大斑点状に白色となった「浜おもと星布」が示されている（図38）。斑入りのハマボウも「ハマボ布」として図入りで記録されている（図39）。その記載は「はまぼ布、黄槿、葉ははちす同様にて丸く少し短し、花黄色にて木花ともはちすの如く初かげ布にて黄布になる。後間白布、此品は渡り故寒気にいたむ」とある。

園芸書は、本草学とは違って堅苦しさがなく、具体的な栽培法が示されていたり、珍しい種類が紹介してあるなど、その内容が興味深いために広く読まれ、本草学者にも影響を与えた。

図38　『草木錦葉集』にある「浜おもと布」(右) と「浜おもと星布」(左)

図39　『草木錦葉集』に描かれた斑入りのハマボウ

本草学の全盛

江戸も中期以後になるとさまざまな文化が発達し、多くの優れた本草学者が現れた。後に彼らはオランダ語を学び、ヨーロッパの医学や自然科学を学び、その影響は直接、間接的に彼らの著した本草学の中にも表れており、ヨーロッパの学者が注目するほどの内容の充実したものも出版されるようになった。その多くは復刻版で現在でも見ることができる。

一七五九～六三年には島田充房《みつふさ》と小野蘭山《らんざん》によって『花彙《かい》』が出版された。これは草本を島田充房が、木本を小野蘭山が書いたもので、合計八冊からなり、二〇〇種がそれぞれ図一ページ、説明一ページを使って解説してある一種の植物図鑑である。図は表裏を白黒でコントラストをつけて表す独特の技法で描かれてあり、それぞれの植物の特徴をうまく表現している。記載された二〇〇種の中には、その当時園芸用に栽培されていた植物も含まれており、本来の本草学とはかなり異なった内容となっている。この中にはじめてハマボウの図が描かれている（図40）。

ハマボウの名前として「金木蘭」と「ハマバウ」の二つが記されているが、金木蘭は中国の本草書にある類似の植物から引用した漢名であり、オオハマボウのことである。一方のハマバウはハマボウの名としてはじめて用いられたものであり、園芸書の影響があったものと思われる。解説も海辺に多く産し、本土にもしばしば移し植えられていることが書かれてあるほか、はじめて花や葉について詳しく説明している。

小野蘭山(一七二九〜一八一〇)は京都の本草学者で、『花彙《かい》』の第一巻が出版されたときにはまだ三一歳であったが、しだいに彼の私塾「衆芳軒」は有名となり、弟子の人数も千人にもなったという。江戸時代の文献にはしばしば「千」という数値で説明されているが、おそらく「ひじょうに多い」という意味で、数的な意味はないであろう。彼の名声は江戸にも知れ渡り、幕府は彼を召し抱え、官学である「医学館」で本草学の講議をすることになった。そのとき彼は七〇歳であり、

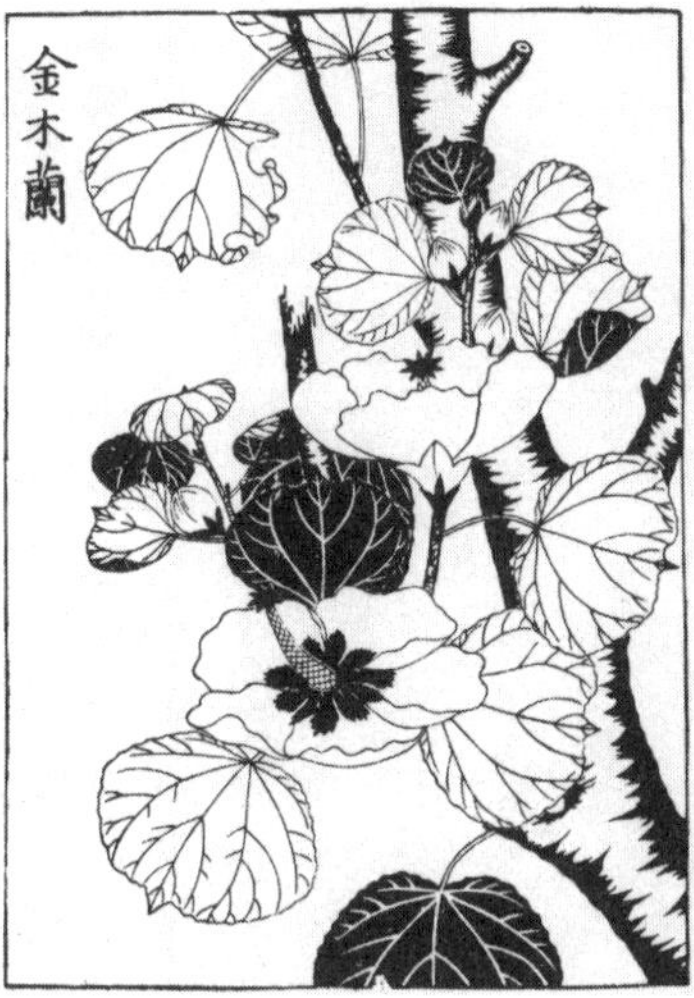

図40　『花彙』に描かれたハマボウ

永年住み慣れた京都から江戸へ赴かなければならなかった。今の時代ならばヨーロッパの国々よりももっと遠くに赴任することであったかも知れない。江戸では講義のかたわら、採薬といっておもに植物採集のために七七歳まで関東各地をはじめ、紀伊半島、伊豆などを旅している。一回の旅行で一〜三か月を費やしている。当時は平均寿命が恐らく五〇歳前後であり、交通も発達していなく、旅とい

えばすべて徒歩であったから、七〇歳代後半になってからのそのバイタリティーは驚異的である。

彼の講義内容を中心にまとめたものが『本草綱目啓蒙《ほんぞうこうもくけいもう》』（一八〇三〜〇六）四八巻である。これは『本草綱目』の解釈ばかりでなく、これまで出された文献や、自ら各地を歩いて記録した自然物の地方名を集め、観察した内容を編集したもので、当時の本草学の集大成であった。小野蘭山の死後も、弟子たちによって改訂された『本草綱目啓蒙』が出版されており、梯《かけはし》南洋《なんよう》が補正した『重修本草綱目啓蒙』（一八四四）には「木槿《むくげ》」の説明のあとにハマボウが追記されており、「ハマボウト云ウモノアリ、海辺ニ産ス、春新葉ヲ生ズ、葉ノ円形ニシテ白楊ノ如シ、花モ尋常ノモノヨリ大ニシテ黄色ナリ、花戸ニモコレヲ栽ユ、別ニ漢名黄槿」とある。

小野蘭山の弟子はたくさんいたが、その中で特に有名な人物は岩崎灌園《かんえん》、山本亡洋《ぼうよう》、水谷豊文《ほうぶん》（助六）の三人で、彼らの著書にはいずれもハマボウが記録されている。これまでの本草書は、記された植物や動物などについて、図がなかったり、あってもきわめて不正確なものであったので、岩崎灌園は今でいう図鑑を著そうとした。図を描き始めて二〇余年がたった一八二八年、ついに『本草図譜《ほんぞうずふ》』九二巻を完成させた。この本は草木二〇〇〇余種が色付きで図に描かれあり、その中にハマボウの図もある（図41）。

花の中央の赤い部分が大きく描かれてあるので、ややムクゲのように見えるが、花柱《かちゅう》などは先の『花彙《かい》』よりは正確に描かれてある。また、ハマボウについて以下のような解説がなされてある。

「伊豆の海辺に自生があり、樹形は木槿《むくげ》に似て高さ三、四尺、葉は蔓荊（ハマゴウ）の葉に似て大きく厚く、黄緑色をしていて互生する。夏に葉の間に花を開く、形は木槿に似て小さく、花弁は厚く、基部は深紅色を帯びる」。この記載は『花彙』と大きな違いはないが、はじめて自生地として伊豆をあげている。

図41　『本草図譜』に描かれたハマボウ

しかし、どうゆうわけか、これらの有名な本草書にはハマユウが全く触れられていない。平安時代から鎌倉時代にかけて、あれだけ有名であったハマユウは、江戸時代になると不思議なことに園芸書を除いて、解説したものはほとんど見られなくなってしまった。ところが、地方の文献ではその逆で、ハマボウが記載されていることはまれで、ハマユウの方が多く登場している。

『本草図譜』が出されたその翌年である一八三九年には山本亡羊が『百品考《ひゃくひんこう》』を著している。山本亡洋は小野蘭山の弟子で、彼が江戸に出たあと、京都で私塾「読書室」を開き、本草学の講義を行った。塾の名前からもわかるように大変読書好きであったようで、夜は毎日読書をしたという。『百品考《ひゃくひんこう》』はいわゆる物産の書で、栽培されているものも含めて植物を中心に、動物、鉱物などを一つ一つ解説した事典のようなもので、初編は上下二巻からなり、上巻五二種類、下巻五〇種類が取り上げられている。後に新たに二編、三編を出版し、合計二九二種類の物産を解説している。

ハマボウは初編の下巻に「右納、和名ハマボウ」として、その解説は「暖地の海辺に自生し、また花戸に多く栽う……」とあり、さらに花や葉の形態を記載している。この本ではじめて「右納(ゆうのう)」という漢名が使われている。「花戸に多く栽う」の花戸とは前に紹介した『重修本草綱目啓蒙』にも記されているが、植木屋とか花屋という意味である。初編一〇二種類の中にハマボウが取り上げられたことは、著者がこの植物に注目していた証拠で、江戸時代後期にはハマボウが観賞用に栽培されていたことがわかる。一方、ハマユウはやはり、この文献にも紹介されることはなく、アダンの説明の中に「文殊蘭(ハマユウ)に似て細く……」とあるだけである。文殊蘭はハマユウの漢名であり、浜木綿を用いなかったことは、中国の本草学の影響を受けた結果であろう。

『本草図譜』を著した岩崎灌園は、一八二九年に五〇点余りの植物標本をもって長崎に滞在していたシーボルトに会いに行った。そしてそれぞれの標本について学名を教えてもらっている。長崎県立図書館には、岩崎灌園がそのときに記した『シイボルトの草木鑑定書』というとじ本が保管されている。中扉には「シイボルトの草木鑑定書附ヒルヘル石薬解答」と記され、まえがきには、

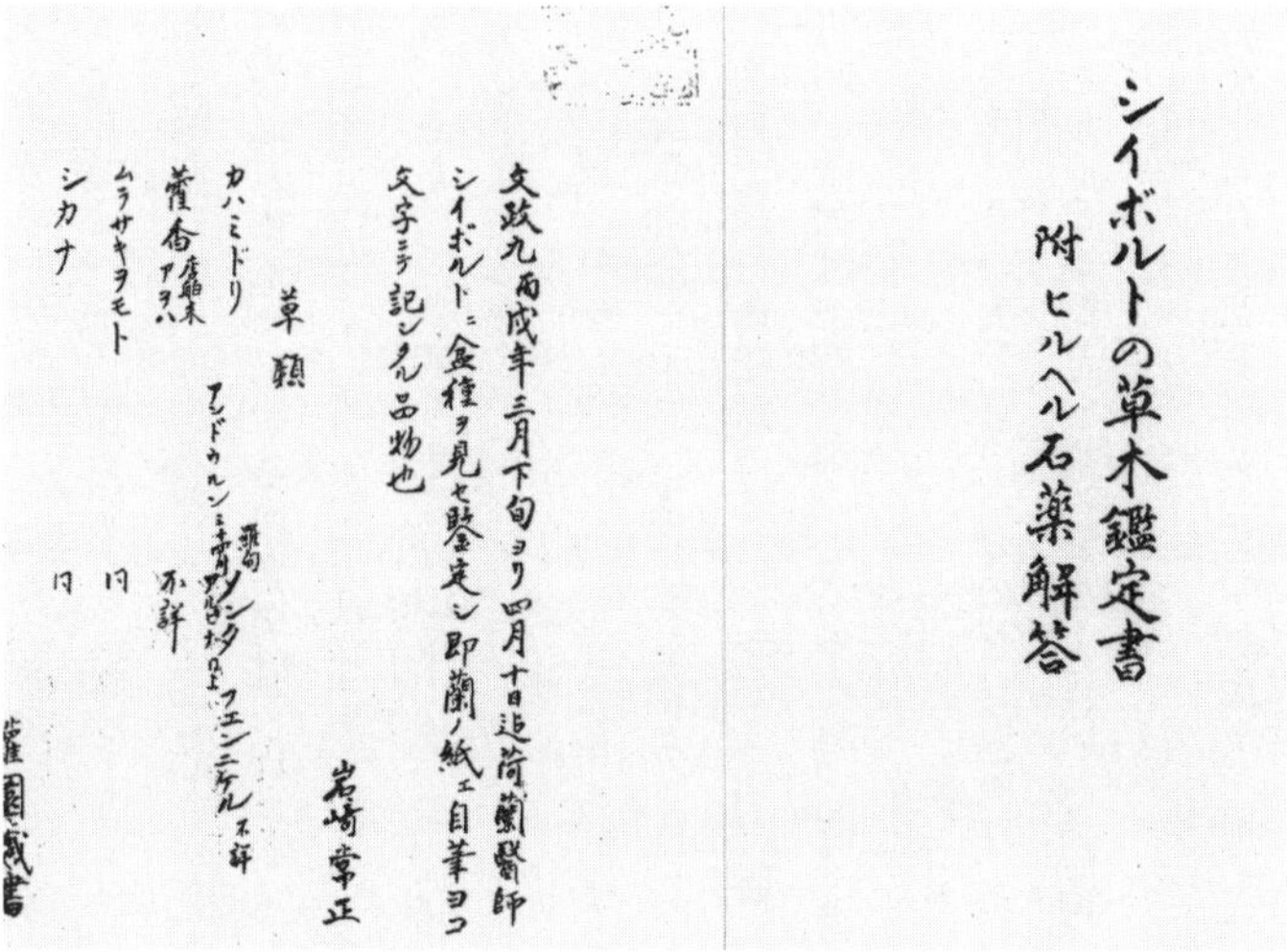
シイボルトの草木鑑定書
附ヒルヘル石薬解答
文政九丙戌年三月下旬ヨリ四月十日迄荷蘭醫師
シイボルトニ盆種ヲ見セ鑒定シ即蘭ノ紙ヱ自筆ヨコ
文字ニテ記シタル品物也
岩崎常正
草類
カハミドリ
藿香
ムラサキヲモト
シカナ
不詳
灌園蔵書

図42　岩崎灌園が記した『シイボルトの草木鑑定書』

「文政九丙戌年三月下旬ヨリ四月十日迄荷蘭医師シイボルトニ盆種ヲ見セテ鑑定シ即蘭ノ紙エ自筆ヨコ文字ニテ記シタル品物也　岩崎常政」とある（図42）（岩崎常政は岩崎灌園の本名である）。その次に種名リストがあり、和名が上段に学名が下段にカタカナで示されている。

例えばヲダマキの下にはアクエリギヤ　シベリヤと、マイヅルソウの下にはマサンフェニユウ　バォリユウなどと示されてある。属名だけのものもあるし、不詳としてあるのもある。その中にハマオモトの名があり、「コリニユム、ゼーアイユエン或ハサフランニ充ルハ非ナリ」とある。コリニュムとはCrinumすなわちハマユウ属であり、サフランは現在のサフランモドキにあたり、同じヒガンバナ科であるが、その属とは違うとシーボルトから教えてもらったことがわかる。岩崎はハマユウの標本を伊豆あたりで採集したのであろうか。

地方では一八三九年に小野良直によって『紀伊続風土記』が紀州で出されているが、この巻之九四「物産」の項に文殊蘭（ハマユウ）として、「牟婁《むろ》日高両郡の海辺砂地に多し」とあり、柿本人麿の『万葉集』にある和歌をはじめ一七の和歌が紹介されている。またハマボウも載っており、「牟婁郡海辺に多し、他郡に稀なり」とある。牟婁郡とは今の三重県南部から和歌山県南部にあたる。さらに一八四八年の畔田翠山《くろだすいざん》著『熊野物産初志』に、「文殊蘭　ハマユウ」として、以下のように特徴が記載されている。

「海辺砂地に多し　この花は申《さる》の時より開く　香気あり　形状トウギボウシ花に似て細長六弁白蕊を吐す　花後実を結ぶ　熟して緑色三路あり　大きさ栗の如し」

この記載で興味深いのは、花が「申の時」、すなわち午後四時に開花するとしていることである。当時の時刻は二時間刻みであるから、遅く考えても午後五時ごろとなり、実際はもう少し遅く咲き始める。

豊後（今の大分県）出身の賀来飛霞《ひかく》は、島原藩の藩医となった兄を一八四三年に訪れ、雲仙岳を含む島原半島南部の植物調査を行い『島原採薬記』を著している。これは漢名と和名とを記した植物目録で、五二八種が記録されており、この中に「文殊蘭　ハマヲモト」が含まれている。飛霞は兄が死んだ後、藩医となり、明治十一年（一八七八）には東京大学小石川植物園植物取調掛となり、東京植物学会の創設にも尽くした。

尾張本草学

本草学は江戸末期になって尾張の本草学者が活躍するようになり、近代化されていった。尾張藩には広大な薬園があり、この薬園の看守を勤めていたのが水谷豊文である。彼は一八〇九年に『物《ぶっ》品識名《ぴんしきめい》』を著している。この書物は江戸末期の本草学者の多くが座右の書としたもので、ハマオモトとその下に少し小さい字でハマユウの名が出ている。

水谷豊文は弟子の大河内存真《ぞんしん》、伊藤圭介らと本草学の会ともいうべき「嘗百社《しょうひゃくしゃ》」を結成し、月一回例会をもち、情報交換や勉強を行った。嘗百社は毎年、物産会を催し、植物、動物、鉱物の標本、写生図、化石、考古出土品などを展示、供覧しており、その目録も出されている。

尾張本草学は蘭学者が多かったので、リンネの分類法などヨーロッパの植物学の知識を日本に取り入れ、10章で紹介するシーボルトにも大きな影響を与えた。それはシーボルトが一八二六年江戸参府の途中、出島にいるときから手紙の交換をしていた水谷豊文と大河内存真、伊藤圭介に熱田（名古屋市）で会ったことから始まる。シーボルトは彼らの植物に対する知識の高さに驚くとともに、以後彼らから日本の植物についての多くの情報を得ることになった。シーボルトは『江戸参府紀行』の中で、このときのことを次のように記している。

「ここで私は後日私の研究にたいそう役立った伊藤圭介と大河内存真と知り合いになった。（中略）しかも私はとくに（水谷の持参した）二冊の肉筆の画帳に注目した。それは日本植物のコレクションの図であるが、すべて正確にリンネによる名称で分類し、すべての植物に属名をあげていた。百二の同定のうちで私はたった四つの誤りを指摘できただけであった。同定された属の多くはケンペルやツュンベリーも日本の植物の中にあげていないし、そのうちの二、三は私も見たこともがなかった。」

二か月後、シーボルトは江戸から長崎に帰る途中にも彼らに熱田で会っている。『江戸参府紀行』の中では「夜中の三時までこれらの植物を調べたり鑑定したりして過ごした。われわれは互いに文通したが、それは私の帰国の時まで誠実に続けられた。」と記している。この出会いが双方ともいかに有意義なものであったかを物語っている。

伊藤圭介はその後、長崎に出向き、シーボルトから六か月間にわたって植物学を中心とした博物学を学んだ。そして名古屋に帰る際に、シーボルトからツュンベリーの著した『日本植物誌』をもらった。一八二九年に表わした『泰西本草名疏《たいせいほんぞうめいそ》』はツュンベリーの『日本植物誌』に記載されている植物の学名を和名と漢名を加え、アルファベット順に示したもので、附録としてリンネの二四綱を図入りで説明を加えたものである。『泰西本草名疏』の中にはCLINUM LATIFOLIUM LINN.

としてハマオモト、少し小さい字でハマユウ、そして文殊蘭と記されている。

尾張本草学は美濃の本草学者にも影響を与え、神田柳渓《りゅうけい》、江馬《えま》活堂《かつどう》、飯沼慾斎《よくさい》らによって受け継がれていく。

飯沼慾斎（図43）は伊勢に生まれ、今の岐阜県大垣の地で医業を学ぶが、たまたま薬草採集に来ていた小野蘭山に出会い、植物学に興味をもち、しだいに熱中していった。二八歳のときに江戸に出て宇田川榕庵《うだがわようあん》の弟子となり、蘭学や本草学を学んだ。後に大垣に戻り、医業を続けるが、五〇歳で隠居してからは植物の研究に没頭する毎日をおくり、富山県、愛知県、岐阜県、三重県、和歌山県などを歩き回り、熱心に植物採集をしたり、植物のスケッチをしたりした。

図43　飯沼慾斎の肖像画

飯沼慾斎は伊藤圭介よりはかなり歳をとっていたが、伊藤がシーボルトから学んだことを直接教わり、また自らも西欧の植物学を文献から学び、リンネの分類体系にもとづいて分類した。六〇歳を過ぎてから『草木図説《そうもくずせつ》』を執筆し始め、七〇歳で草部を書き上げ、以後八〇歳までに草部二〇巻を刊行する。木部一〇巻は原稿はできたものの、刊行されることな

図44　『草木図説』に描かれたハマボウ

く、八三歳でこの世を去った。まさに勉学ひとすじに励んだ人生であったといえる。木部一〇巻は写本だけが出回っていたが、一九七七年になって京都大学の北村四郎教授が編註して出版され、我々もこの名著を見る事ができるようになった。

『草木《そうもく》図説《ずせつ》』は日本ではじめての本格的な植物図鑑で、草部一二〇〇図、木部五八五図からなる。この中にはハマボウも記されてあり、これまでの本草書とは違って、図も解説も正確で、特徴をよく観察している。その記載には花弁、萼《がく》、おしべ、めしべなどについても述べられており、その内容は本草書というよりは植物学の本とみなすことができる。和名のハマボウを先に記し、これまでの本草書によく見られた漢名の「黄槿」ではなく、「右納」をその下にあげ、解説の最後には学名が記され、現代の図鑑と比べても遜色がないほどである。その図は葉の裏面に影をつける独特の描き方がしてあるが、川原慶賀《けいが》がシーボルトの指導を受けて描いた精密な絵や牧野富太郎の図と比べると、植物画としてはやや劣る。しかし、図44に示したように、これまで出版されてきたハマボウの図よりははるかに正確である。残念ながらハマユウは載っていない。

ハマユウはなぜ忘れられたのか？

7章で紹介したように、ハマユウは平安時代から鎌倉時代までは多くの文献に登場し、あれほどよく知られていたにも関わらず、江戸時代になると園芸家によって呼び名がいつの間にかハマオモトに変えられてしまったと共に、その存在が忘れ去られていった。

本草学初期の『大和《やまと》本草《ほんぞう》』（一七〇八）や地方の書物には記載されているものの、それ以後多くの草本《そうほん》類を扱った著名な本草書にはほとんど記載されることはなかった。特に二〇〇〇種余りの植物を描いた岩崎灌園の『本草図譜《ほんぞうずふ》』や、一二五〇種以上を描いた飯沼慾斎の『草木図説《そうもくずせつ》』をはじめ、島田充房・小野蘭山の『花彙《かい》』など、いずれもハマボウは載っているが、ハマユウはこれらの有名な図鑑類には紹介されることはなかった。

江戸時代に多くの植物図が描かれたにも関わらず、斑入りの植物ばかり集めた『草木錦葉集《そうもくきんようしゅう》』にハマユウの変わった品種が図の隅に小さく描かれているだけで、ふつうのハマユウはついに描かれることはなかったのである。江戸時代以前のハマユウの知名度からすると、信じられないような扱いの変化である。これはなぜだろうか？

もちろん、和歌が文学の主流であった時代が終わったせいかも知れないし、平安時代にはハマユウが紙のように使われていたのが、和紙の製法が普及し、利用されなくなったことも原因の一つかも知れない。しかし、もう一つの大きな原因に、江戸時代の文化にも関係があるように思われる。すなわち、江戸時代は文学上の植物ではなく、実際に栽培し、鑑賞できる植物が注目された。ハマユウは江戸では寒すぎて栽培が困難であったことが最大の原因であろう。

江戸時代は武士階級から「わび・さび」を中心とした文化が生まれたと同時に、庶民のあいだでは歌舞伎や浮世絵などに代表されるような華やかな文化も誕生した。植物でいうとオモト、カラタチバナ、マツバラン、イワヒバなど花を観賞するのではなく、葉を見て楽しむような地味な植物がもてはやされた。一方では、キク、アサガオ、ボタンなど美しい派手な花の咲く外国から導入された園芸植物が人気を集めた。ハマユウはその中間にあるような植物で、いわば、それらの両極端の植物に埋もれてしまったかのようである。

9章　ハマユウの歌の解釈

柿本人麿が『万葉集』の中で詠った「み熊野の　浦の浜木綿《はまゆう》　百重《ももえ》なす　心は念えど　直に逢はぬかも」の歌は7章で述べたように、ハマユウが最初に文献に登場したものであるばかりでなく、平安時代から鎌倉時代に至るまで和歌の世界に多大な影響を与えた。この歌を基本に多くの派生歌が生まれ、浜木綿《はまゆう》が多くの歌に詠われ有名になっていった。具体的には「浦の浜木綿《はまゆう》」ということばが、「百重なす」とか「重なる」「幾重にも」の序詞として、さらに「隔て」につながることばとして歌の中によく使われた。一方、室町時代から現代に至るまで、万葉集の研究家によってその歌の解説がなされてきたが、その解釈のしかたが少しずつ違っていた。特に意見の相違点は、ハマユウが百重なすのは、花なのか、葉なのか、あるいはそれ以外の部分なのかという問題である。これまでに出された解釈のしかたは大きく五つに分けられる。

この章ではそれらの説を解説し、どの説が正しいと考えられるのか、その謎を解いてみたい。

柿本人麿のハマユウの歌

柿本人麿は七～八世紀に活躍した宮廷歌人で、万葉集には彼のつくった和歌が八〇首以上もあり、和歌の神として崇拝されてきた。三代の天皇に仕え、斉明四年（六五七）、持統四年（六九二）、大宝元年（七〇一）の三回にわたり、紀伊国への行幸にお伴しており、紀伊国に関係のある多くの和歌を残している。「み熊野の浦の浜木綿……」の歌は、どの行幸の折につくられたかはいろいろな説があるが、持統四年（六九二）十月の説が有力である。旧暦の十月は、晩秋であり、ハマユウの花はすでに終わっていたものと思われる。

この歌について、まず出だしの「み熊野の」の「み」は、地名の前につけて語数を五つにし、美しく表現するための接頭語である。吉野の地名も和歌の中では「み吉野の」と表現されるのと同じ

図45　和歌山県新宮市にある柿本人麻呂の万葉歌碑

である。熊野は現在の三重県熊野市を含む、三重県南部から和歌山県南東部の地域をさし、古くは熊野国と呼ばれ、孝徳天皇（五九六～六五四）のときに紀伊国に牟妻《むろ》郡として編入されたといわれている。牟妻郡は後に四郡に分けられ、今でも三重県に北牟妻郡と南牟妻郡、和歌山県に東牟妻郡と西牟妻郡とがある。柿本人麿が訪れた熊野浦は和歌山県東部と考えられ、新宮《しんぐう》市には柿本人麿の万葉歌碑がある（図45）。しかし、鎌倉時代に出された仙覚律師の万葉集注釈『仙覚抄《せんがくしょう》』では「はまゆうを詠めるみ熊野の浦は伊勢の国なり……伊勢のみ熊野の浦……」としている。室町時代の『藻塩草《もしおぐさ》』にもこの説を

引用して「このみ熊野は志摩国也……」とある。この説はその後もときどき引用さているが、その根拠ははっきりしない。

「み熊野の　浦の浜木綿《はまゆう》」までが比喩的な序詞で、本当に言いたい内容は次からの「……百重なす　心は念えど　直に逢はぬかも」であり、その歌の解釈は「熊野の海岸に生えるハマユウのように　幾重にも重なって心に思っているが、直接逢えないものか（逢いたいものだ）」つまり、ハマユウが幾重にも重なっているが、その重なりのように心に思っているという意味になる。あるいは、さらに後に浜木綿が「隔たり」に結びつくことばとして使われことから、「幾重にも重なって隔たりがあり、心に思っているが、直接逢えないものか（逢いたいものだ）」と解釈される場合もある。いずれにしても、「浦の浜木綿　百重なす」は、「海岸のハマユウが多く重なっている」という意味であるが、ハマユウの何が多く重なっているのかについては古くからいろいろな解釈がなされてきた。

偽茎説

柿本人麿の歌の「浦の浜木綿　百重なす」について、現代の多くの『万葉集』の解説本では、「ハマユウの偽茎《ぎけい》は幾重にも重なっている」という意味であるとしている。すなわち、「百重なす」

は偽茎のようすを示した表現であるという考え＝「偽茎説」である。確かにハマユウの茎のように見える部分（偽茎と呼ばれる）は、縦に切って見るとわかるが、葉鞘《ようしょう》と若い葉が重なっており（図46）、後で述べるように、平安時代にはこの部分を利用していたようである。したがって、ハマユウの偽茎が、幾重にも重なったものであるということを、平安時代の一部の人たちが知っていたことは確かである。この「偽茎説」にはかなり古い歴史がある。

藤原範兼《ふじわらののりかね》（一一〇七～一一六五）は『和歌童蒙抄《わかどうもうしょう》』の中で柿本人麿の歌のハマユウについて「はまゆふとは　ばせをに似たる草の、み熊野の浜に生える也、茎の皮のうすく多く重なる也」と述べている。さらに前に紹介した『仙覚抄《せんがくしょう》』では詳しく「はまゆふを詠めるみ熊野の浦は伊勢の国なり、はまゆふは芭蕉に似て小さき草也、茎は幾重ともなく重なりたるなり、へぎてみれば白くて紙などのように隔てのある也、……」と説明している。

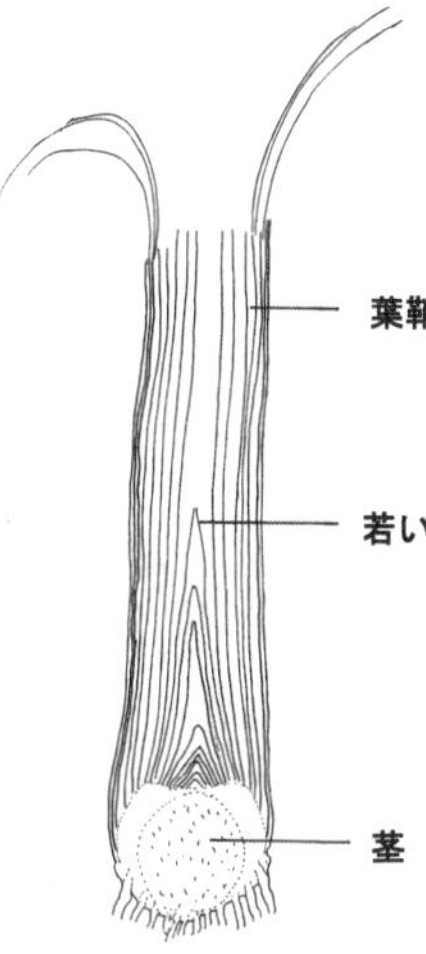

図46　ハマユウの偽茎の断面図

江戸時代の本草学者・貝原益軒が著した『花譜《かふ》』や『大和本草』（8章参照）にも、ハマユウの説明の中でこの『仙覚抄』を引用している。江戸中期の『万葉名物考』（著者未詳）には「葉は万年青《おもと》に似て其の茎幾重もかさなりて生ひ出るなり……」とある。

「偽茎説」を決定的にしたのは、植物学者の解釈であった。牧野富太郎（一九五三）は『随筆植物一日一題』の中でハマユウの語源について、『万葉集』の柿本人麿の歌を紹介し、以下のように述べている。「この歌の中に「百重なす」の言葉はじつに千鈞の値がある。浜木綿の意を解せんする者はこれを見のがしてはならない」とし、『大和本草』やそのほか江戸時代のハマユウの説明を引用している。さらに、ハマユウの研究をした小清水卓二（一九五三）は『浜木綿百重なす考』という論文の中で「外見上、直立して茎軸と見える部分をタテに切って見ると、その中には全く茎軸はなく、ただ驚く程多くの白い薄紙状に脱げる葉鞘部が中心まであたかもタケノコの皮の様に幾重ともなくいっぱい重なりあって詰まっている。この事実を体験すれば何人もハマユウの百重なすの解釈は即座に解決されると思われる」と述べている。国文学者の澤瀉久孝も『万葉集注釈』の中で、この小清水の意見を引用し、「私も先年霜の為に葉がすっかりいためられたのを春先に早く新しい芽の出るやうにと考へて茎のところを鋏で切ってみた事があるので、その説明に同感する事ができる」とし、「偽茎説」を支持している。

葉重説

それに対して現代では少数派であるが、葉が重なって生育しているとする「葉重説」も古くから支持されてきた。最初にこの説を言い出したのは藤原顕昭《ふじわらのけんしょう》（一一三〇〜一二一〇）で、『袖中抄《しょうちゅうしょう》』において藤原範兼の説を紹介した後、「私云う、はまゆふは葉のかさなりたる也。おほくかさなりたればやへともよみ、ももえともよむ也。其の数定るべからず。」と述べている。植物研究家で万葉植物の研究もした松田修（一九七〇）は『増訂万葉植物新考』の中で「この植物を見て葉が幾重にも重なっているからだとする説が最も妥当のように思う」としているし、山田卓三・中嶋信太郎（一九九五）の『万葉植物事典』にも百重とは葉が幾重にも重なり合っている意味であるとしている。

偽茎が幾重にも重なって偽茎をつくり、隔たりがあると解釈する「偽茎説」は、今では主流となっているが、解釈に飛躍がありすぎるように思える。ハマユウの偽茎が重なっているというのは事実であるし、古くから知られていたことも明らかである。したがって、江戸時代に書かれたハマユウの偽茎の説明も正しい。しかし、そのことが、柿本人麿の歌の「百重なす」が偽茎が重なった状態を表しているとする根拠にはならないように思える。偽茎が重なった状態であることは、ハマユウの偽茎を切ってみなければわからないし、植物学に特別関心のある人以外、わざわざ歌に詠うほど印象的なことでもない。そうかといって葉が重なっているというのは、ハマユウに限ったことではないので、「葉重説」もこれまでの説明では、説得力に欠けている。

図47　三重県和具大島のハマユウ群落（半田俊彦氏撮影）

群落説

私が「偽茎説」に疑問をもったのは、済州島《さいしゅうとう》のハマユウ群落の写真を見た時だった。見渡す限りハマユウが密生し、白い花を咲かせている光景である。ふつうのハマユウの生育地を見てもわからないが、大きな群落、例えば三重県和《わ》具《ぐ》大島（図47）や山口県下関市角《つの》島のハマユウ群落を見れば、だれもが同じような思いになるであろう。ハマユウは密に葉が重なって群生しており、少し離れた所から見ただけでは、草原のようにその群落の中を横切って行けそうな感じがする。しかし、実際には群落の中を歩いて行くことは、ハマユウの丈夫な葉が邪魔して困難である。ハマユウの葉が重なって、隔たりをつくっていることが実感できる。「百重なす」は偽茎でも葉でもなく、群落を表現したもの、すなわち「群落説」が正しいのではないかと思うようになった。もちろん「葉重説」を支持する学者の中にも群落をイメージしたものもあった。

犬養孝は著書『万葉の旅・中巻』の中で、次のように述べている。「何が百重なすかについて波頭のたとえ、茎が幾重、花が百重などの諸説もあるが、群落自生の実景と歌の心情のあらわし方を見れば、緑葉の百重としか考えられない」。この考えは群落説を示しているものと言える。

「偽茎説」では、「幾重にも重なっている」のは理解できたとしても、「隔たりがある」と解釈するのは無理がある。その点、「群落説」は「隔たりがある」にふさわしく、まさにぴったりとした状況を示している。少なくとも柿本人麿の歌は、ハマユウを最初に詠ったものであり、ハマユウの群生している光景を思い浮かべて詠んだのであろう。したがって「群落説」の方が自然である。後になってハマユウは、重なるとか幾重にも（隔たりがある）という序詞として使われるようになり、ハマユウの偽茎の利用（11章参照）が知れわたり、「偽茎説」に変わっていったのかも知れない。今でこそ大群落は、ごく限られた地点しかないが、当時の海岸線の状態と、乱獲される前の状況を考えると、広大な群落が紀伊半島をはじめ、西南日本の海岸には、今よりもふつうに見られたに違いない。

花重説

花が重なっているという意味は、植物学的にはふつう二つの意味が考えられる。一つは花弁の数が多いことを八重と表現する。例えばサクラやヤマブキのようなバラ科の植物の花弁《かべん》の数は、基本的には五枚であるが、おしべが花弁化し、多くなったものを八重咲きという。もう一つの意味は、花序《かじょ》が集まった集散花序で、一つの花茎の先端部が多く枝分かれ、それぞれに花を咲かせるもので、ハマユウが属するヒガンバナ科がその特徴をもっている。

斉藤茂吉全集二七巻の中に、「この植物は、蕾《つぼみ》などの状態にもそういう百重なすの感じを有っているところがある」としているし、武田祐吉著『万葉集全註釈』では、ハマユウの花が百重にむがり咲くところから「み熊野の浦の浜木綿」の句が序となったのだろうとしている。しかし、後の同書の増訂版では「葉重説」に改めている。鴻巣盛広も『万葉花譜』の中で、ハマユウの花の重なっているようすを「百重なす」と捉えたとしている。しかし、この花重説は反対意見も多く、今ではこの説を主張する学者はほとんどいない。

寄せ波説

以上のように柿本人麿のハマユウの歌の「百重なす」の解釈について、これまで四つの説を紹介してきた。しかし、それらとは違う、そして多くの古典解説本にとりあげられてこなかったあっと驚く全く別の解釈のしかたがあることを知った。それは浜木綿とは植物のハマユウのことばかり信じていたが、そうではなく、海岸に打ち寄せる波のことを表現したものであるという「寄せ波説」である。

この説を最初に言い出したのは江戸時代の契沖《けいちゅう》（一六四〇～一七〇一）で、彼は水戸徳川光圀《みつくに》の命を受けて、万葉集注釈書である『代匠記《だいしょうき》』をまとめた。その中で、万葉集の柿本人麿のハマユウの歌について以下のように述べている。「今案《こんあん》はまゆふは浪をいへるる歟《や》。此集に浜波ともよめり。浪をゆふにたとへてよめること此集にあまたあり（中略）さればかれこれを合せて案ずるに、かの熊野はあら海にて、浪のひまなく寄せくるに、思ひのいやましなるをたとへて、されども思ふかひなくまほにあふことのなきをなげくなり」。

アララギ派の歌人で万葉集の研究家でもあった土屋文明《つちやぶんめい》は昭和十年（一九三五）、雑誌『短歌研究』の中で、「浜木綿」という一文を書き、浜木綿をハマオモトとする説に疑問をいだいていることを述べている。その「追記」の中で、その疑問について前述の契沖の『代匠記』を紹介し、しばしば和歌に詠われてきた木綿《ゆふ》花、白木綿《しらゆふ》花を白くさらしたコウゾの繊維のことだとし、「み熊野の浦の浜木綿」を、立つ白波を白き木綿《ゆふ》でもって喩えたと考えるのが自然であると主張している。

さらに「再追記」を書き、その中で、「大臣の大饗にきじの足を包むのがハマユウであるという説は、中世の誤りにもとづくもので、木綿《ゆふ》をもってしたと考えても誤りではあるまい……（中略）……なまじいに人麿のみ熊野の歌をもって木綿《ゆふ》を浜木綿にかえたのであろう。しかもそれは、浜木綿の語の誤解にもとづくものであったにすぎぬというべきであろうか。私はここに繰り返して言う、み熊野の浦の浜木綿のハマユウは決してハマオモトというつまらぬ草の茎から得た感じではなしに、紀の国の浦に寄せ来る幾重ともしらぬ白波の白き木綿《ゆふ》にさも似たるを眼前にしての人麿の詠嘆に他ならぬものであろう」と述べている（土屋文明一九八三『万葉紀行』に再録）。

土屋の説はこれまでにない大胆な説であるが、ハマユウがつまらぬ草であるとしているのは、花の咲く季節にその群落を見たことがなかったのであろう。

最近になって神野志・坂本（一九九九）は「寄せ波説」を詳しく説明している。彼らは柿本人麿のハマユウの歌の中で「百重」という詞が、当時どのようなイメージをもち、どのような詞を受けるものとして意識されていたのかを『万葉集』を調べて明らかにしている。すなわち「百重」や「千重」という語は、恋情のほかは「波、雪、雲、山」など天象地象において用いられる表現であったという。そのイメージは大きく、広がりのあるものの反復であり、重なりであったといえる。中でも「波」と「恋情」との二つを詠った歌も多い。また、「逢坂を　うち出でて見れば　近江の海　白木綿《しらゆふ》花に　波立ち渡る」など、白波を木綿《ゆふ》に喩えた例もあり、浜木綿も海岸に寄せる波を表現したものと考えている。このように浜木綿を植物のハマユウではなく、寄せる波と解釈した方が歌の内容が理解できる歌を探してみると、正徹《しょうてつ》（一三八一～一四一九）の『草根集《そうこんしゅう》』の中に次のような歌があった。

「朝かすみ　百重もかくる　うら風に　浜木綿高き　み熊野の山」

また同じ作者による『永享九年正徹詠草』の中にも次のような歌があった。

「み熊野の　山ざくらとも　しら雲の　波をかさぬる　浦の浜木綿」

しかし、同じ歌集の中に浜木綿が植物とも寄せ波ともとれる歌もある。

「み熊野や　浜木綿ならぬ　しめ縄も　いくへにかけて　君を祈らん」

正徹の前の二つの歌の中に出てくる浜木綿は植物ではなく、寄せる波の意味と考えた方が理解しやすい。

最近になってこの「寄せ波説」は古典研究者の主流になっているようで、中西進編『柿本人麿人と作品』（一九八九）の中では万葉集の柿本人麿の歌の解釈を「熊野の浦の、木綿《ゆふ》のように白い浜の波が、百重に打ち寄せるように、幾重にも心には思うけれど、じかにあなたに逢わないことだ」

としている。和歌の中には浜木綿を植物ではなく、寄せる波の意味と捉えたものもあることは確かであるが、古典の和歌に出てくるすべての浜木綿をそのように捉えることには無理がある。

柿本人麿の歌も寄せ波を意味してはいないであろう。もしそうだとしたら、浜木綿を植物の名前として表現している『枕草子』やそのほかの和歌に植物の名前として突然出てくるのはおかしいからである。

以上のように「浜木綿百重なす」について、さまざまな解釈がなされてきたのは、時代によって浜木綿の捉え方が変わってきたためと考えられる。柿本人麿はハマユウの群落を見て詠んだかも知れないが、平安時代以降になると本来の植物の意味から離れて、多くが文学上のことばとして、使われるようになっていった。したがって、次に続く「百重なす」ということばについても、時代や作者によってもその捉え方が異なり、その解釈についていろいろな説が出されてきたと考えられる。ことばは使われている限り、時代と共にその意味が変化していくことは不思議なことではない。

10章　出島とシーボルト

鎖国を続けていた江戸時代においても、対馬《つしま》や琉球を除いて唯一海外に門戸を開いていたのが、長崎の出島である。この小さな人工島は、日本の文化や自然を海外に紹介する窓口であると同時に、外国の情報を受け入れる玄関となり、日本の近代化に大きな影響を与えた。

植物学においても、すでに8章で述べたように、本草学がしだいに西欧の近代植物学に変遷をしていくことに出島が果した役割は大きく、また日本の多くの生物がリンネの分類学にもとづく命名法によって学名がつけられ、ヨーロッパ人によって記載されたのも出島に来た生物学者を通して行われた。

ハマユウもハマボウも例外ではなく、他の多くの日本の生物と同じように学名がつけられ、海外に紹介された。特にハマボウは、シーボルトによって学名がつけられたばかりでなく、その花の美しさによって、海を越え、オランダで育てられ、園芸化されようとした。

この章ではハマユウとハマボウの学名が正式に記載されるまでの背景と記載の内容、そしてヨーロッパでの園芸化の試みについて紹介する。

出島の完成

江戸幕府が開かれる前から、長崎港にはポルトガル船が出入りし、キリスト教は各地に確実に流

図48　埋め立てによってつくられた出島（長崎大学図書館）

布していった。それを恐れた幕府はキリスト教を禁止し、長崎の有力町人に出資させ、長崎港の近くに人工島を築かせ、そこにポルトガル人を移住させ、隔離した。それが出島である。面積は一万五〇〇〇平方メートルで、よく知られているように扇形をしている（図48）。本土との連絡は一本の橋を通じて行われ、その出入りは厳しく制限されていた。長崎という江戸から遠く離れた、しかも周囲を山で囲まれた湾をのぞむ長崎の町は、幕府にとって外国人を受け入れるもっとも安全な所であったに違いない。さらにその港に新たに埋め立ててつくった出島は、キリスト教の伝播を阻止しながら外国人を住まわせるのに管理しやすい場所であった。

キリスト教弾圧にも関わらず、キリスト教徒の幕府に対する反発は強くなり、ついに島原の乱が勃発した。このときに幕府に加勢したのがオランダ艦隊であったこともあり、ポルトガル人を追放したあと、一六四一年に平戸にあったオランダ商館を出島に移転させた。以来、二〇〇年間余りの鎖国政策の中で、出島を通じてオランダ貿易が行われることになったのである。

表6　江戸時代に長崎を訪れ、植物を採集したり記載した外国人

名　前	国	滞在年	身　分
Willem ten Rhyne	?	1974-70	出島商館医官
Andreas Clyer	ドイツ	1675-78, 85-86	出島商館長で医師
George Meister	ドイツ	1682-84, 85-86	園芸家
Engelbert Kaempfer	ドイツ	1690-92	出島商館長で医師
Carl Peter Thunberg	スウェーデン	1775-76	生物学者
Izaak Titzing	オランダ	1779-82, 84-85	出島商館長
Georg H. v. Langsdorff	ロシア	1804	ペテルブルグ科学アカデミー会員
W. G. Tillesius	ロシア	1804	植物学者
Philipp Franz von Siebold	ドイツ	1823-29, 59-62	出島商館医官
Johan Heinrich Burger	ドイツ	1825-32	出島商館薬剤師
Med. Weyrieh	ロシア	1854	医学士
Robert Fortune	イギリス	1860	園芸家
Willford	イギリス	1860	キュー植物園職員
Martens	ドイツ	1861	Schottmuller に同行
Schottmuller	ドイツ	1861	東洋学術探検遠征隊植物学担当
Richard Oldham	イギリス	1862-1863	
Karl Johann Maximowicz	ロシア	1860-1862	植物学者

出島に居住していたのは商人や船員だけではなかった。異国の地で体調を壊したり、ケガをする人もいたであろう。彼らを治療するための医師も滞在していた。その中には、植物や動物に深い知識をもっている者もいたし、後にはさまざまな分野の専門家も訪れている。江戸時代のあいだに、出島に滞在していた人で、植物学者や園芸家など日本の植物を採集したり記録した人は一五人以上を数えることができるし（表6）、彼らを含めて約三〇人の生物学者が訪れ、それぞれ専門分野の生物を採集し、母国に標本を持ち帰っている。その中で特に日本の植物について熱心に研究し、偉大な業績を残した人物が三人いた。

出島三学者といわれるケンペル（Engelbert Kaempfer）、ツュンベリー（Carl Peter Thunberg）、シーボルト（P. F. von Siebold）である。この三人はいずれも多くの日本の植物を記載したが、ハマユウに

ついてはツュンベリーが、ハマボウについてはシーボルトが記載している。彼らよりも前に日本を訪れ、日本の植物を海外に紹介したケンペルについても述べておきたい。

出島三学者

ケンペル（Engelbert Kaempfer，一六五一―一七一六）

ドイツの医師で、一六九〇年から二年あまり出島に滞在し、この間日本の歴史や植物の資料を集め、出島にも薬草園をつくった。帰国後、『廻国奇観《かいこくきかん》』（一七一二）を著し、五一二種類の日本の植物を記載している。その中には一ページ大の銅板画にカキ、イチョウ、ケンポナシ、ロウバイ、ダイズ、キリなど二八種が描かれてある。リンネの二名法が確立される以前のことなので、彼自身で命名した植物はなく、ツュンベリーやシーボルトに比べて知名度は低いが、その当時日本の植物に関する外国の文献がほとんどない中でのこの業績は目をみはるものがある。

彼の死後リンネが『廻国奇観』に記載されたクスノキ、チャ、ツバキ、コウゾなど一三種について命名している。ケンペルは日本の文化と関わりの深い植物に興味があったらしく、チャについては彼の著書の中で特に詳しく解説している。また彼の遺稿から『日本史』（一七二七）がまとめられ、当時ヨーロッパの人々に大きな影響を与えた。

ケンペルの描いた植物の写生図や標本はイギリスの自然史博物館に保存されており、その中にはハマボウの近縁種であるオオハマボウの標本がある。

ツュンベリー（Carl Peter Thunberg, 一七四三—一八二八）（図49）

スエーデンの医師で、一七七五年から一年三か月間日本に滞在している。彼はリンネの弟子で、はじめから植物を採集する目的で日本に来たもので、長崎では三〇〇種、箱根では六二種、江戸では四四種など合計八一二種の植物標本を作成している。

彼が命名した新属はアオキ属（*Aucuba*）、サカキ属（*Cleyera*）、ケンポナシ属（*Hovea*）、ドクダミ属（*Houttuynia*）、クロモジ属（*Lindera*）、ミヤマシキミ属（*Skimmia*）など二六にものぼり、三九〇種の新種を記載している。また、彼が著した植物の論文は一九八編もあり、そのうち日本の植物に関するものは二九編ある。もっとも有名な著作は『日本植物誌』（一七八四）で、顕花《けんか》植物七五三種、陰花《いんか》植物三三種を記載している。その中に*Crinum latifolium* Linn.（当時考えられていたハマユウの学

図49　ツュンベリー（1743-1828）

図50　ツュンベリー生誕二百年を記念して建てられた顕彰碑

名）が記されており、日本にハマユウが産することを海外に知らせたはじめての記録である。しかし、これだけ多くの日本の植物を記載しているにも関わらず、ハマボウが記されなかったことは不思議である。本種が海岸に生育し、ややまれであるためであろう。

ツュンベリーは一七四三年生まれであるが、一九五二年（昭和二十七）、スエーデンのリンネ学会と、日本学術会議、日本植物学会は、彼の生誕二百年の記念行事を行った。そしてその記念に日本植物学会ではツュンベリー顕彰碑を長崎に建てることを決め、五年後の一九五七年（昭和三十二）、ツュンベリーの誕生日にあたる十一月十一日に除幕式が行われた。その顕彰碑は長崎公園の入り口に建てられ、東北大学の木村有香教授によってラテン語で「日本にはじめて植物学をもたらした学徳最も優れた人ケー・ペ・ツュンベリーを記念して」と書かれてある（図50）。

シーボルト（P. F. von Siebold, 一七九六―一八六六）（図51）

ドイツの名門の生まれで、大学では医学のほか、植物学、動物学、民族学などを学び、幅広い自然科学の知識をもっていた。その知識を東洋でいかそうと、当時オランダ領であった今のインドネシアにあるバタビアに赴任した。しかし、そこで病気になってしまい、東インド政庁の総督カペレンの勧めで、日本の出島にあるオランダ商館医師として来日することになったのである。もし、そこで病気にならず、そのままインドネシアに滞在し続けたら、どうなったであろうか。いろいろな条件から、日本であげたような多くの学問的な業績は、インドネシアではあげられなかったに違いない。とにかくヨーロッパを出るときには全く予期していなかった日本での長期にわたる滞在が、一八二三年、出島に着いたときから始まったのである。

シーボルトは年ごとに日本、とりわけ植物にのめり込むことになり、これまでのオランダ医としてはもっとも長く一八二九年までの六年間滞在した。この間長崎の出島で、本務の医者として在日外国人の治療にあたったり、日本人に医学を教えたりするかたわら、日本の文化に関する資料や、特に植物の収集に力を注いだ。それは標本作成ばかりでなく、当時の日本の植物の文献でもある本草書を入手したり、本草学者と交流したり、さらに日本の画家を雇い、植物の図を描かせたりした。

また、シーボルトは他の欧米人と同じように出島からの外出を原則的に禁止されていたので、自由に野外に出かけることはできなかったが、長崎市周辺の野山には機会あるごとに出かけているし、一八二六年の江戸参府のときには途中に植物採集をしながら、通常の人が江戸に行くよりも長い期間をかけている。

シーボルトが単独で、あるいはドイツのミュンヘン大学の教授であったツッカリーニと共著で発表した植物の新属は三九属（今でも有効なものは二六属）四六七種におよぶ。そのおもな属はレンゲショウマ属（*Anemonopsis*）、クサアジサイ属（*Cardiandra*）、イヌガヤ属（*Cephalotaxus*）、カツラ属（*Cercidiphyllum*）、イワタバコ属（*Corchoropsis*）、コウヤマキ属（*Sciadopitys*）、ヤマグルマ属（*Trochodendron*）である。

図51　シーボルト（1796-1866）

彼の著した著書は『フロラ・ヤポニカ』（一八三八）のほか、『日本動物誌』（一九三三）、『日本』（一九三二）がある。

シーボルトの滞在した六年間は、研究人生からいえば短いものであるが、驚くべき偉大な業績を残した。彼の業績を解説したり評価する研究は、「シーボルト研究」として明治から今日に至るまで実に多くの人たちによって行われている。一人の人物で、これほどさまざまな分野の研究者によって扱われてきた例はないであろう。

図52　シーボルトが建てたケンペルとツュンベリーをたたえる顕彰碑（長崎市出島）

出島の植物園

当時の医学は治療の手段に薬草を使うのがふつうであったので、出島に滞在していたオランダ医たちも薬草の入手や研究に努力をした。ケンペルも出島に薬草園をつくったが、シーボルトは薬草としてばかりでなく、純粋に植物の観察のために、さらに園芸用として馴化するために出島に植物園をつくった。さらに後には生きた植物をオランダに輸送するために、一時的に栽培しておく場所としても利用していたと考えられる。シーボルトはそれ以前に出島に来て、日本の植物についてまとめたケンペルやツュンベリーの著書を大いに参考にしており、それらがなければ彼の日本における成果も半減したであろう。

シーボルトは彼らの研究に敬意を表すために、出島に功績をたたえる顕彰碑を建てている（図52）。

この記念碑は今でも出島にあり、彼らの著書『日本植物誌（フロラ・ヤポニカ）』（ツュンベリーの著書と同名であり、また日本人による同名の書物もあるので、シーボルトらの著書を以下、フローラ・ヤポニカと呼ぶことにする）の中扉にも記念碑の図を載せている（図53）。

出島にはおよそその四分の一にあたる面積を植物園にし、自ら採集したり、弟子たちが集めた野外の植物を栽培馴化することを試みている。

シーボルトの書簡（一八二五）によるとそこに一〇〇〇種以上の植物を栽培したとある。出島の大きさから見積もって、栽培面積を三〇〇〇平方メートルとすると、一種につき三平方メートルとなるので、面積的には可能であるが、出島のような海岸の埋め立て地に一〇〇〇種の野生植物を栽培することは不可能であろう。シーボルトと伊藤圭介による出島の植物栽培リストが残されているが、それには三五〇種が、

図53　フロラ・ヤポニカの中扉。ケンペルとツュンベリーの顕彰碑が描かれている

カタカナと一部漢字で記載されている。

この中にもコケモモ、ガンコウラン、シラネアオイなど、長崎では栽培がきわめて難しいものが含まれていたり、誤記と思われるもの、例えばヤニンジン、ユキノキ、ネマリタデなどは、それぞれヤブニンジン、ユクノキ、ネバリタデと思われるものや、不明種がかなりあり、検討を要する。この理由の一つはシーボルト自身が直接日本人から聞き取った植物名を、日本語(カタカナ)で書いたために、聞き誤りなど単純なミスをしたものもあったと思われる。

標本とその採集

ハマボウは学名をヒビスクス・ハマボウ(*Hibiscus hamabo* Siebold et Zucc.)といい、シーボルトがツッカリーニ(J. G. Zuccarini 一七九七―一八四八)と共著で一八三五年から発行された『フロラ・ヤポニカ』に紹介された一五〇種の中に、美しい図と共に記載されたものである。すでに述べたようにシーボルトより前に来日し、日本の植物を紹介したケンペルは『廻国奇観《かいこくきかん》』の中で五一七種、ツュンベリーは『日本植物誌』の中で七八六種を記述しているが、ハマボウのことは書かれていない。しかし、シーボルトの『フロラ・ヤポニカ』に記述されたわずか一五〇種の中に含まれていたことは注目すべきことである。

シーボルトの採集したハマボウの標本は、花をつけたものが一点、果実をつけたものが一点、花も果実もないものが一点あり、そのうち果実をつけたものがタイプ標本としてミュンヘンにあるバイエルン州立植物標本館に保管されている。ほかの二点はライデン国立植物標本館（オランダ国立植物博物館ライデン大学分館）にある。

ライデン国立標本館にある花をつけた標本は大きく、その標本に添付してある紙片には「ハマボウ、ハマムクゲ、ハマムクギ、黄槿」という和名が書かれてある。またシーボルトの標本と共に、彼の助手として出島にも来ていたビュルゲル(H.Bürger)の採集したハマボウの標本もライデン国立植物標本館に四点、バイエルン州立植物標本館に一点が保管されている。

このように欧米では世界各地から集めた生物の標本が、古くからきちんと整理して保管されてある。日本には専門の職員をおいた植物標本館という独立した施設は全くなく、ようやく博物館や資料館をもつ大学もできてきたが、植物学、動物学、考古学などあらゆる分野を含めて専門の職員は数名程度にすぎない。県立の自然史博物館も各地で建設されてきたが、標本庫に専門の職員がおいてある博物館はない。科学の先端分野ばかりを追いかけ、自然科学の基礎的な分野を全く無視しているのが日本の現状である。

本田は『フロラ・ヤポニカ・復刻版』の解説書の中で、「産地として日本の海浜や湾内に稀産するとだけ書いて具体的な地名をあげていない。また暖地の海岸とも書いていない。おそらく庭で栽培したもので記載や図解をしたものであろう」としている。しかし、ハマボウは今でこそ出島周辺の長崎港内には見られないが、当時は長崎港周辺やそこに注ぐ浦上川《うらかみ》下流部には自生していた可能性がある。塩生植物のハマサジも二〇年くらい前までは浦上川河口付近には見られたことからも、ハマボウの生育する環境があったことは明らかである。

ビュルゲルの標本の中にもハマボウが含まれていることから、シーボルトは長崎に自生していたハマボウを採集した可能性が高く、したがってタイプ産地は長崎であろうと考えられる。

シーボルトの標本を見て、写真を撮影した熊本大学山口隆男教授によれば、一点の標本のラベルにはUragamiと記されていたとのことである。彼の撮影したシーボルトの標本の写真の中にもよく見るとそれがわかる。このことは上記に述べたことを裏付けるものである。

シーボルトは出島に滞在中に、周辺地域に調査に出かけている。ふつう出島に滞在している外国人はそこから自由に外出することはできなかったが、シーボルトだけは特別扱いされていた。

一八二六年九月十五日には小瀬戸（長崎市内）に調査に出かけていることが日記に記されており、観察した植物名が記録されている。残念ながらその中にハマボウの記録はないが、海岸に生育するものとしてハマヒサカキの名が記されている。小瀬戸にはハマヒサカキの近くに、ごく最近までハマボウが自生していた。その日記にハマボウの記録がないことから、これを採集しなかったことにはならない。というのは、その当時採集した植物の名前はツュンベリーの著した『日本植物誌』を参考にしていたし、長崎周辺の野外観察の記録には、ときどき誤って長崎にない類似の北方の植物が記されており、ヨーロッパで得た植物の知識をもとに記録していたことがわかる。ハマボウの仲間はツュンベリーの本にも記されていないし、ヨーロッパにもないので、花のない季節にハマボウを見ても、すぐに何科あるいは何属の植物かはわからなかったであろう。もし出島近くで栽培しているものを標本にする場合には、花も果実もつけていないものは標本にしなかったであろう。したがって、シーボルトは自生しているハマボウを採集したのではないかと思われる。

『フロラ・ヤポニカ』には一五〇種しか記載されていないので、残念ながらハマユウは記されていない。しかし、彼や彼の弟子たちの採集した植物標本は、ライデン大学やミュンヘン大学の標本庫に保管されており、その中に九州のTori Ki Togeで採集した記録のあるハマユウの標本がある。この地名は不明とされている。ハマユウは海岸植物であるので、峠のつくような地名の場所に生育することはない。

シーボルトが得た情報

シーボルトは恐らく長崎でハマボウを採集し、その和名を知り、それがフヨウ属（*Hibiscus*）に属する新種として確信することになったと思われる。ハマボウの名前を記録した外国人はシーボルトが最初ではなく、ジョージ・マイスター（George Maister）で、一六九二年に発行した著書の中で、多くの日本の植物と共に、ハマボウの和名を記録している。彼はオランダ商館長で医師であったアンデレアス・クレヤー（Addreas Cleyer）と一緒に出島に来た園芸家で、日本の多くの植物を採集し、持ち帰っている。

シーボルトが彼の著書を参考にしたかどうかは確かではない。自由に日本各地を採集することができないシーボルトが、日本の植物についてまとめることができた理由の一つは、伊藤圭介や大河内存真《ぞんしん》、水谷豊文《ほうぶん》など、当時の優秀な本草学者から多くの日本の植物について情報を得ることができたからである。また、シーボルトは多くの本草書を手に入れ、それを参考にしている。その中でもっとも参考にしたのは大河内存真が贈呈した『花彙《かい》』である。また桂川甫賢《かつらがわほけん》がそれを蘭訳したものをシーボルトに贈っている。すでに述べたように『花彙』の木本《もくほん》篇には日本で最初のハマボウの図が描かれている。シーボルトは『花彙』に描かれた植物名のリストをつくり、活用している。したがって、この本からハマボウの名を知ることができたことは明らかである。また先に述べたようにライデン国立植物標本館に保存されているシーボルトの標本のラベルには「ハマボウ、ハマムクゲ、ハマムクギ、黄槿」の四つの和名が記されていることは、文献だけではなく、複数の人たちからこれらの名前を聞き出したものと思われる。

新種の記載と図版

ハマボウの学名はシーボルトとツッカリーニによって記載されて以来、変更されることはなく、*Hibiscus hamabo* である。その名前を記載した『フロラ・ヤポニカ』が発刊される以前に、伊藤圭介と共につくった目録の中に、すでに *Hibiscus Hamaboo* Sieb.として記されていることから、シーボルト自身が新種と確信し、この学名を用意していたことがわかる。『フロラ・ヤポニカ』の説明の全文は以下のようである。

「高さ一・〇から二・三メートルの低木で、幹は真直ぐに伸び、枝もまた同様である。葉は円形で、先は尖り、表面は白い綿毛でおおわれている。黄色い大輪の花は底部が赤褐色で、鑑賞植物の一つに数えられる。実際、日本では、この植物をそこかしこで用いているのである。六月から七月にかけては花をつけ、九月には果実が熟す。野生状態のものは、まれであるが、海辺で見ることがある」

ハマボウの樹高は生育地によって異なるものの、成木では三〜五メートルであるが、土壌が浅い所や乾燥した立地ではそれよりも小さく二〜三メートルとなる。『日本植物誌・顕花篇』や『原色日本植物図鑑　木本編Ⅰ』がハマボウの高さを一〜二メートルとしている点から見れば、シーボルトが「二〜二・三メートル」としていることは、より正確であるといえる。「幹は真直ぐに伸び、枝も同様である」の記載は、ハマボウの特徴を表してはいない。野生のものでは、幹は根元から分かれ、斜上する。枝は若い株か、匍匐《ほふく》した幹から出た徒長枝《とちょうし》のみが真直ぐに伸びる。後述するように『フロラ・ヤポニカ』の中のハマボウの図は若い株の枝か、徒長枝を描いたものである。花期は七～八月なので、彼の記述した「六月から七月」は旧暦であろう。「花の底部が赤褐色で」としているが、その特徴は標本でははっきりしないので、生きた花を観察し、それにもとづく記載であることがわかる。

『フロラ・ヤポニカ』の図版の原図は、シーボルトのお抱え絵師であった川原慶賀《かわはらけいが》やそのほかの日本人、あるいはシーボルト自身のスケッチを参考に採集した標本を照らし合わせてヨーロッパの画家が書いたものである。

ハマボウの図は『フロラ・ヤポニカ』の第九三図版にある（図54）。ライデン国立植物標本館のシーボルトの採集したハマボウの標本の二点はそれぞれ図版作成に使用したことが記されている。花の開いた様子は標本からは描くことができないので、長崎で書かれた花のスケッチを参考にしたに違いない。この図を見ると、二つの点で誤っていると考えられる。

図は一つの枝に二つの花と一つの若い果実（蕾《つぼみ》ともとれる）が描かれてあるが、その果実が二つの花のあいだにある点である。一つの枝に着く花は咲く順序が決まっているので、このようなことはありえない。実際の枝を見ると、花が終わった節の下の葉腋に花が咲いているように見えることがよくあるが、これはその葉腋から出た小さな枝に着いた花である。

二つめは、若い長枝に花が着いていることである。図の枝はまっすぐに伸び、節間が長く、托葉が見られる。この枝はシーボルトの標本にもある花も果実もない標本を参考にしたものと思われるが、このような長枝には花は着かないか、たとえ着いていても一つだけである。花が三つも着くような枝は、節間が一〜二センチメートルと短い短枝であるし、托葉はすでに落下している。花の着かない若い枝や、特に幹から出た徒長枝はまっすぐに伸び、節間は三〜四センチメートルと長くなり、托葉が残存する。図54にある枝は、花や葉の大きさから判断して、節間は数センチメートルあり、徒長枝と思われる。長崎で描かれた花の絵と標本から描いた枝の絵とを合わせて一

図54 『フロラ・ヤポニカ』にあるハマボウの図

つの図として描いたためにおきた誤りであろう。

日本の植物の園芸化

シーボルトが日本で精力的に植物を採集したのは、単に分類学的に未知の種を明らかにするだけでなく、もっと実用的な面、すなわち薬草や園芸植物として利用できる植物を探すためでもあった。そのため、生きた植物を本国に運ぶことを考えた。帰国後、シーボルトは持ち帰った日本の植物をヨーロッパの気候に馴《な》らすために、一八四二年にライデンの近郊に土地を購入し、邸宅と並んで気候馴化植物園を建てた（図55）。翌年には王立園芸振興協会を発足させた。その協会から出された栽培目録（一八四四）は、各種について、栽培条件として、野外、ガラス室、温室の三つに区別し、さらに生活形、採集者が記されている。ガラス室とは加温しない温室のことであり、温室は加温する温室を意味している。

その目録の中にはハマユウも載っており、一八四一年にピエローらが、一八四四年にテキストールが輸入している。ピエローらは日本には来ておらず、ジャワに滞在し、日本からジャワに運ばれた植物をオランダに送っている。テキストールはシーボルトの弟子で、シーボルトと共に日本に滞在し、多くの植物を採集している。

図55　シーボルトが建てた気候馴化園（石川・金箱2000より）

この目録にはハマユウの学名を*Crinum japonicum* Sieb.とし、そのあとに、温室、球茎植物と記されている。この学名は正式に発表されたものではなく、仮につけられたものである。寒いオランダでは、加温された温室でしか栽培できないハマユウは、園芸化されることなく、枯死してしまったに違いない。その中にハマボウも記されているが、栽培にはガラス室が必要で、観賞用低木、ピエーロ（Jocques Pierot）が採集したことが記されている。

ハマボウは実際に生きたものが一八四一年にオランダに持ち込まれたのであった。ピエーロはシーボルトの命令を受けて、出島に来る予定であったが、日本には来られず、シーボルトかビュルゲルが採集したものを、ジャワから本国に輸送したものと考えられている。また、その園芸振興協会は日本や中国から取り入れた植物を、栽培、繁殖させ、通信販売をしている。

一八六三年に出された説明付き目録と価格表の中にもハマボウが載っており、価格として一〇フランと記されている。この価格は、アジサイやムクゲなど多くの植物が一、二フランであることから見ると、かなり高価なものである。

シーボルトはよく知られているように、植物や動物標本ばかりでなく、日本のさまざまな道具や民具類、殿様の篭なども持ち帰っており、あらゆる物に興味を示し、医者、自然科学者、民族学者などいろいろな顔をもっていた人であった。しかし、オランダに帰ったあとの彼の行動を見ると、園芸家として、中国や日本の植物の中からヨーロッパに適した園芸植物をつくり、普及させようと努力したことがわかる。シーボルトや彼の後継者が送った日本の植物が、園芸化され、今でも栽培されているものにアジサイ、イボタノキ、フッキソウ、ハマナスなどがあるが、ハマユウとハマボウはヨーロッパの気候にはあわず、園芸化はされなかった。

11章　人との関わり――伝説と利用――

ハマユウもハマボウも特別生活に役立つ植物ではないが、花の美しさのせいかその植物に関する伝説もあるし、人々の心を捉え、観光や地域のシンボルとして保護されたり、栽培されたりしてきた。現代のように外国産の園芸植物が多くなかった戦前には、ハマユウは花の少ない夏に咲く花として西南日本の海岸地帯に住む人たちにもっとも親しまれ、よく植えられていた。しかし、ハマユウを美しい花として観賞用に植える以外に利用されることはなかったし、丈夫な植物のせいか一度植えられると、そのまま庭の隅にほったらかしにされているのが現状である。しかし、ハマユウが平安時代から現代まで時代によって波はあるものの有名な植物であり続けたのは、それぞれの時代に人との関わりがあったからに違いない。

ハマユウは、南国の海岸をイメージする花として、駅前や公園に植えられ、またその写真が観光ポスターやパンフレットに盛んに使われていた。その代表的な観光地は、和歌山県白浜町や三重県伊勢志摩、宮崎県日南海岸である。いったい誰が、いつごろ始めたのであろうか。

それに対してハマボウとヒトとの関わりの歴史は、ハマユウとは比べものにならないほど浅い。しかし、最近になって各地でその希少性が注目されるようになり、保全を目的として地域のシンボルとして、さまざまなイベントが行われるようになった。

この章ではハマユウとハマボウのそれぞれの民話や伝説、観光や地域おこしのイメージアップとしての利用など人とのいろいろな関わりを紹介しよう。

ハマユウの方言名と紙としての利用

ハマユウは西南日本の海岸地方ではよく知られているにも関わらず、方言名はかなり少ない。すなわちハマユウの名がどの地方でもふつうに使われてきた。同じヒガンバナ科のヒガンバナは地方名が二〇〇ほども知られているのと対照的である。江戸初期の『和漢三才圖會《さんさいずえ》』にはハマユウ、ハマオモト、ハマバショウの三つの名をあげている。各地でまれに聞かれるものにハマユリがある。ユリの花に少し似ていることからか、あるいはハマユウを聞き違えて伝えられたものであろう。鹿児島県ではハマユイ、ハマガミ、ハマガンなどの呼び名があった。ハマユイはハマユウあるいはハマユリから訛ったものであろう。ハマガミとハマガンはどちらも浜紙からきており、これは古い時代の呼び名と考えられ、三重県熊野地方でもハマガミとかオヘイグサ（お幣草）と呼ばれていた。この名前のように平安時代には実際に紙のように使われていたと思われる。

ハマユウの葉鞘《ようしょう》を剥ぐと紙のように薄く剥げ、濁白色の一五センチメートル四方かそれ以上の紙状のものが取れる。確かにそれに文字を書くこともできるし、それで何かを包むこともできる。しかし、実際に紙として、商業ベースに乗るほど広く利用されていたのかは疑問である。最近になって沖縄県名護市に、先祖代々ハマユウの葉鞘から紙をつくる方法を受け継いできた家があることを知った。葉鞘《ようしょう》を薄く剥がし、乾燥させただけの簡単なもので、長さ二五センチメートル、幅一三センチメートルの長方形で、淡褐色をしており、筆で文字も書ける。

また、7章で紹介したように鎌倉時代の『仙覚抄《せんがくしょう》』のハマユウの説明の中に、「へぎてみれば白くて紙などのように隔てのある也、大臣大饗などには鳥の別足つつまんように、伊勢のみ熊野の浦よりめしのぼせらるるといえり」とある。『藻塩草《もしおぐさ》』(一五一三)には「み熊野にあり此み熊野は志摩国也　大臣の大饗の時は志摩の国より献ずるなる事旧例也　是をもって雉《きじ》の脚をつつむ也　抑此《そもそも》はまゆふは芭蕉《ばしょう》に似たる草の茎の皮の薄く多く重なれる也　百《もも》へとよめるも同儀也」とある。

大化の改新(六四五)のころより、伊勢神宮の共進使がはく鶏足(儀式に用いる木靴)はハマユウの葉を用いたと伝えられている。神職がはく沓《くつ》を浅沓《あさぐつ》といい、今でも木の部分は沓《くつ》の底板だけで、周囲は和紙をワラビ糊と柿渋で塗り重ね、漆を塗ったものである。

紙づくりの技術は、推古天皇の時代(六一〇)に、僧の曇徴《どんちょう》が朝鮮から伝え、聖徳太子がこの技術を完成させたといわれてきたが、実際に製紙技術が確立したのは、もう少しあとの奈良時代の終わりから平安時代にかけてである。奈良東大寺の正倉院には八世紀から十一世紀までに使用されたさまざまな紙類が残されており、保管されていた文書の中には二三三もの紙の名が記されている。

最初は、きっとハマユウからつくられた紙もあるに違いないと思い、正倉院の和紙に関する文献を探してみたが、残念ながら探し出すことはできなかった。それもよく考えると当然のことで、紙というのは、植物の繊維を糊と一緒に漉《す》いて成型した薄片であり、そういった意味では、ハマユウの葉柄からつくられたものは、紙のようなものには違いないが、紙ではない。

当時の紙は、今の私たちが考えているような身近なものではなく、きわめて貴重なもので、写経や絵画、記録など半永久的に保存しておくものであった。それに対して、ハマユウからつくられた紙のようなものは、身分の高い人しか使わなかったにしろ、今のティッシュや便箋のようなもので、消耗品として使われていたのであろう。

ハマユウが平安・鎌倉時代に有名な植物であったのは、花が美しいという理由ではなく、万葉集の中で柿本人麿に詠われたこと、さらに今の紙のように広く利用されていたからに違いない。7章で紹介したように、十世紀末の『宇津保《うつほ》物語』には、ハマユウを食べ物の下に敷いたり、ことばを書いたりしていたことが記されている。

さらにハマユウを利用目的で海岸から採取していた事実を詠った和歌があることがわかった。『家集《かしゅう》』に「三熊野に舟よせて浜ゆふとる人なり」とあり、続いて壬生忠見《みぶのただみ》の歌「み熊野の　浦の浜木綿　われ舟の　中にいくらを　つみてかえらむ」が書かれてある。直訳すれば「熊野浦のハマユウを私の舟にどれくらい積んでかえろうか」という意味になる。舟を利用したのは、離島に採取に出かけたのか、陸路が困難な海岸に舟で上陸したのかの両方の場合が考えられる。ハマユウは群生しているといっても限られた海岸に生育しているので、当時は採取するのも困難であったし、取りやすい海岸のものは取り尽くしてしまったのかも知れない。

ハマユウが次第に少なくなってしまったことや、コウゾやミツマタを原料とする和紙が普及するにつれて、ハマユウは利用されなくなっていったのであろう。もちろんこれはこの歌の表面上の意味であり、壬生忠見が自らハマユウを取りに行ったかどうかわからないし、何らかの裏の意味があるのかも知れないが、ハマユウが利用目的で採取されていたという事実があったことは確かであろう。

医療品としての利用

ハマユウは他の多くのヒガンバナ科植物と同じように、リコリンやクリナミンなどのようなアルカロイドを含み、有毒である。人が誤って口にすると嘔吐《おうと》する。この症状を利用して、オーストラリアでは毒物を吐き出すための吐剤《とざい》として使われることがあった。また、葉は打ち身や傷などの手当てに用いられた。同じような利用方法は、鹿児島県各地でも行われ、すりつぶした鱗茎《りんけい》を、解毒や皮膚潰傷、ねんざ、腫れ物などに貼ったり、焼いた葉を皮膚病の吸い出しに用いていた。

小笠原諸島ではタイワンハマオモト（オオハマオモト）の偽茎《ぎけい》がかつて氷枕の代用に使われていた。偽茎を長さ三〇～四〇センチメートルほどに切り、それを真っ二つに割る。偽茎は多くの葉《よう》鞘《しょう》が重なった状態であるので、何枚か重なったものをはぎ取ると長方形のものができあがる。それを枕の上にしいて頭を冷やすのである。熱を帯びてきたら、次のものに取り替える。

日本本土ではハマユウといえば、真夏に美しい白い花を咲かせる観賞用として栽培され、それを切り取り薬用に用いるなどもったいないという感じがするが、熱帯や亜熱帯の島では、身近にいくらでもあり、わざわざ観賞用に栽培することはなく、民間薬として用いられてきたのであろう。

ハマユウの民話と伝説

日本の各地にはいろいろな徐福《じょふく》伝説が知られている。徐福は今から二千二百年前のこと、日本が縄文時代から弥生時代に移り変わるころの、中国大陸の秦《しん》という国の人である。彼ははるか東方の海に蓬莱《ほうらい》という山があり、そこにある不老不死の薬草を探しに行きたいと始皇帝に申し出た。始皇帝の許可をもらって、大勢の若者を引き連れて東の海へ船出し、日本各地を薬草を求めて上陸したといわれている。各地に伝わっている徐福の伝説の中に以下のようなハマユウに関係したものがある。

徐福は北九州に上陸したが薬草は得られず西海岸から大隅半島を迂回し、東海岸を北上し、今の宮崎市や延岡市にも上陸した。日向の海岸に来て砂丘に咲く美しい花を発見し、これが薬草だと思い、国に帰って始皇帝に献上した。これがハマユウの実であったが、薬草としての効用はなく、再び日本に渡航して、薬草を探した。

ハマユウが薬草として使われた例は、日本本土にはほとんどないが、前節で紹介したように、琉球列島や広く東南アジア、南太平洋などでは民間薬として知られている。

『藻塩草《もしおぐさ》』（一五一三）には、前節で記したように、ハマユウの偽茎の皮の利用を紹介しているが、その説明の最後に、次のような言い伝えがあることを書いている。「これにけさう文（注　懸想《けそう》文《ぶみ》＝ラブレターのこと）を書て人の方へやるに　返事せねば其人悪しと也　又云これに恋いしき人の名を書きて枕の下にをきてぬれば　必ず夢みる也」。

枕の下に物を敷いてよい夢を見るというのは、宝船の絵がよく知られており、室町時代にはすでに行われていたという。この風習は江戸時代中頃までは節分の夜と決まっていたが、その後は正月の夜の初夢を見るときに変わっていき、宝船の絵も七福神が乗ったものになっていった。上記に紹介した言い伝えは、その原形と考えられるものである。

ハマユウが登場する民話は珍しいが、ハマユウの本場である三重県南部には二つあったので以下に紹介する。一つは三重県熊野市に「有馬浦のいな穂」という、次のような民話がある。

〟むかし、むかし、イザナミノミコトが七里御浜の大なぎさに出て、魚つりをされていた。もう昼近くになったのに、ワカナの子一匹もつれない。「つまらないなあ」と思いながら、じっとつり糸をながめていると、何か青あおとしたものが波にゆられながら流れてきた。何げなくハネ（竿）の先で拾いあげてみると、それはハマユウの葉でだいじそうに幾重にもていねいに包み込んであった。

「何だろう」と思ってそれをといてみると、中には黄金色のつぶつぶの実がたくさんついた見たこともない珍しい草の穂が入っていた。「何という草だろう」パラパラと手のひらにその種を落としてみると、一粒一粒が陽の光に輝いて、はちきれそうによく実っている。「これはきっと食べられるものにちがいない」ミコトはさっそく三粒四粒口に入れて噛んでみた。するとどうだろう。小さい時に母神に抱かれて飲んだ乳のような甘い味がする。……（中　略）……そう思ったミコトは、急いで家に帰った。そしてその種を、有馬の大池（山崎沼）のなぎさ（津ノ森付近）一面にばらまいた。……（後　略）……"

これが熊野市有馬の米づくりの始まりであるという。米づくりはここから日本国中に拡まったと伝えられている。

三重県北牟婁《むろ》郡には次のような民話があった。この民話の中にある大島は長島町の紀伊大島のことで、今でもハマユウ群落として知られている。

"むかし、むかし、このあたりに「かんからこぼし（河童《かっぱ》）」が住んでいました。ある日のこと、港治郎左衛門《みなとじろうさえもん》というご隠居が、熊野の本宮からやって来ました。海辺に行ってあたりを眺めていますと、かんからこぼしが、海から陸の方へのっそりと上がって来ました。……（中　略）……かんからこぼしは、治郎左衛門に、「すもうを取ってみようか」といいました。治郎左衛門はなかなかおもしろい人で、「なになに、そんな小さなおまえさんに、すもうなんか取れるもんか」とからかいますと、かんからこぼしは、「わしに勝ったら、浜木綿の花を、あの島に植えてやろう」といいました。さあ、一大事です。浜木綿の花は万病をなおす薬で、そうあちこちにある花ではありません。治郎左衛門は、力のかぎりをつくしてすもうを取り、かんからこぼしを倒しました。かんからこぼしはくやしがりましたが、とうとう約束どおり、浜木綿を植えることにしました。これが今、長島の沖にある大島の浜木綿だということです。……後　略……〟

ふつう河童というと、川に出てくる場合が圧倒的に多いが、ここに登場する河童は、この伝説の後半に出てくるが竜宮の使いということで、最後には海に戻っていく。つまり海からの使者が、薬草の浜木綿をもたらすということになる。最初の三重県熊野市の「有馬浦のいな穂」の民話も海から漂着したものが、恵みをもたらすということで、いずれも「マレビト信仰」につながる話になり、大変興味深い。

さらに三重県伊勢市には、松田（一九六四）によれば以下の伝説がある。

〝昔、命を帯びて京からハマユウをとるために志摩国に渡った道麿という美しい若者がいた。村に滞在しているうち、いつか小百合という村の乙女と恋に落ち、いよいよ都に帰る別れのつらさを、浜木綿茂る月の海岸に語らった。「み熊野の浜木綿月の出でしよりいかに重ねし契りなるらむ」と男は女にその情を訴えたが、女の心もまた同じで、離れ難い心を再び逢う時を誓いあった。その帰り道、村に小百合に深い思いを寄せていた若者があって、今宵も忍びよっている二人の姿に嫉妬の心を起こし、遂に道麿を殺して海底深く沈めたのであった。小百合はこれを悲しみ、その死骸をたずねて幾尋からの海底を探り続け、遂に道麿の死骸をたずねあて、島の浜木綿咲く丘に懇ろに葬ると、一生村に帰らずこの沖の小島で暮らしたという。"

この伝説は三重県から出された文献には見あたらず、松田氏がこの伝説を何から引用したのかは明らかではない。しかし、その内容は、都から志摩にハマユウを紙として利用するために取りに来たと考えれば、平安時代のことになる。また、小百合という女性が、恋しい人の死骸を探して、何度も海底に潜ったというのは、志摩地方は海女《あま》が多いので、それを連想させるものである。

郷土の花と県の花

それぞれの都道府県には県の花、県の木、県の鳥などが決められているが、その中で最初に決められたのが、県を代表する「郷土の花」であり、それが後に「県の花」を決定する基礎になった。昭和二十九年（一九五四）のこと、戦後の復興の一つとして、荒れた郷土に花を植え、植物を愛する心を育むという趣旨で、NHK、全日本観光連盟、日本交通公社、植物友の会が主催、農林省、文部省、日本国有鉄道などが後援して「郷土の花」を決めようという企画がもちあがった。もちろんNHKの主催であるから、結果は、「花の府県めぐり」としてラジオ放送の番組で紹介されることになった。選定の基準は以下のようである。

1郷土の誇りとする花。2郷土の人びとに広く知られ、愛されている花。3郷土の産業、観光、生活などに関係の深い花。4郷土の文学、伝説などに結びついている花。5その地方のみ見られる珍しい花。具体的には、これらの基準によって各都道府県にふさわしい花をはがきで公募する。それをもとに都道府県ごとに地方選定委員会を設けて、候補を選ぶ。さらにNHK内に中央選定委員会を設けて検討し、最終的に「郷土の花」が選定された。中央選定委員の中には植物の専門家として牧野富太郎と本田正次がいた。

結果的に三重県と宮崎県の郷土の花としてハマユウが選ばれた。三重県の場合にははがきによる投票数が一番で、すんなり決まったようであったが、宮崎県の場合にはそうはいかなかった。

宮崎県の一番人気はキリシマツツジで三三票、次いでフジの三〇票、以下ハマユウの一六票、ヒマワリの一一票などがあげられた。県の選定委員会で候補に上がったのは、ハマユウ、タチバナ、リュウゼツラン、サボテンの四種であった。投票数一番のキリシマツツジは、隣の鹿児島県で圧倒的に人気があり、鹿児島県の郷土の花となりそうであったし、フジやヒマワリでは地域性が乏しい。委員会であがったリュウゼツランやサボテンも郷土の花としてはふさわしくない。最終的にハマユウとタチバナが残ったが、タチバナは知名度が低く、また花が小さく、栽培には適していないなどの理由で、県の委員会案としてハマユウに落ち着いた。しかし、ハマユウは三重県や和歌山県でも歴史的に結びつきが強く、中央選定委員会の意見いかんによっては変更もありうるということになった。結果的には県の案どおり、宮崎県の郷土の花としてハマユウが決まった。

郷土の花は昭和三十年三月二十二日の放送記念日に全国に発表され、解説本も出版されるなど、一時定着した。しかし、それとは別に、それぞれの都道府県で、県の木や県の花、県の鳥などを選定するようになった。郷土の花がそのまま県の花となったところもあるが、各県の選定委員会が検討し直し、違った花を決めた県もある。三重県の花選定委員会では、ハマユウのほか、古くから三重県に栽培されている伊勢ハナショウブ、伊勢ギク、伊勢ナデシコなども候補にあがった。あとで述べるように三重県には、和具大島に国指定の天然記念物のハマユウ自生地があるし、ラジオドラマ「君の名は」の中でもハマユウが登場し、伊勢志摩国立公園のシンボル的な存在であり、投票数一位で郷土の花となっていた。しかし、江戸時代から「伊勢ハナショウブ」と呼ばれるハナショウブの園芸品種が栽培されていたし、古くから県内にある野生のハナショウブ群生地も国の天然記念物に指定されていたので、ハマユウよりも三重県の地域性を示す植物であると考えられ、結果的にハナショウブが県の花に選定された。

一方、同じようにハマユウが郷土の花となっていた宮崎県では、ハマユウは植栽が容易で、観光にも利用できるということで、一九六四年に県の花として制定された。

県の花に続いて、市・町・村でも郷土の花を制定しようとする自治体が増えてきた。ツツジやスイセンなどを指定した自治体は多いが、日本に自生している植物の中では、ハマウユはもっとも多い植物の一つで、表7に示したように三四の自治体（平成の大合併以前）が制定しており、ほぼ分布域全体にわたる（図56）。もっとも多い県は長崎県で五か所、和歌山県、高知県、熊本県で四か所の自治体が制定している。一方、県の花となっている宮崎県で制定している市町村はない。

ハマユウと観光

観光資源には史跡や名勝、天然記念物、美しい景観、温泉などがあるが、自然がかなり重要な要素となっている。その一つに植物がある。真夏に咲くハマユウの白い花は南国の海岸を象徴する植物としてふさわしいと考えられ、各地の観光地の駅前や公園の花壇、道路のグリーンベルトにハマユウの植栽が行われている。

最初に人工的な植栽によって観光地のイメージアップを試みたのは、和歌山県南部、いわゆる紀州路であろう。この地方では古くから国鉄（現在のＪＲ）の駅の花壇にハマユウが栽培されていた。中でもその中心が白浜温泉である。白浜町は古い温泉地で、大正末期から昭和のはじめにかけて大規模な温泉街として開発され、昭和八年（一九三三）には現在のＪＲ白浜駅ができた。

土屋文明著『万葉紀行』によると、大正末期に訪れたときにはハマユウはまだ地元の人たちに知

表7　郷土の花にハマユウを制定した市・町・村（合併前）

千葉県 　白浜町	高知県 　室戸市，安田町，赤岡町，大月町
東京都 　新島村	愛媛県 　明浜町
神奈川県 　横須賀市，三浦市，真鶴町	福岡県 　芦屋町
静岡県 　沼津市，戸田村	大分県 　上浦町，蒲江町
三重県 　紀伊長島町	長崎県 　福江市，口之津町，伊王島町，生月町，有川町
和歌山県 　新宮市，太地町，すさみ町，白浜町	熊本県 　本渡市，苓北町，大矢野島町，御所浦町
山口県 　下関市，日置町	鹿児島県 　内之浦町
徳島県 　牟岐町	沖縄県 　北大東村

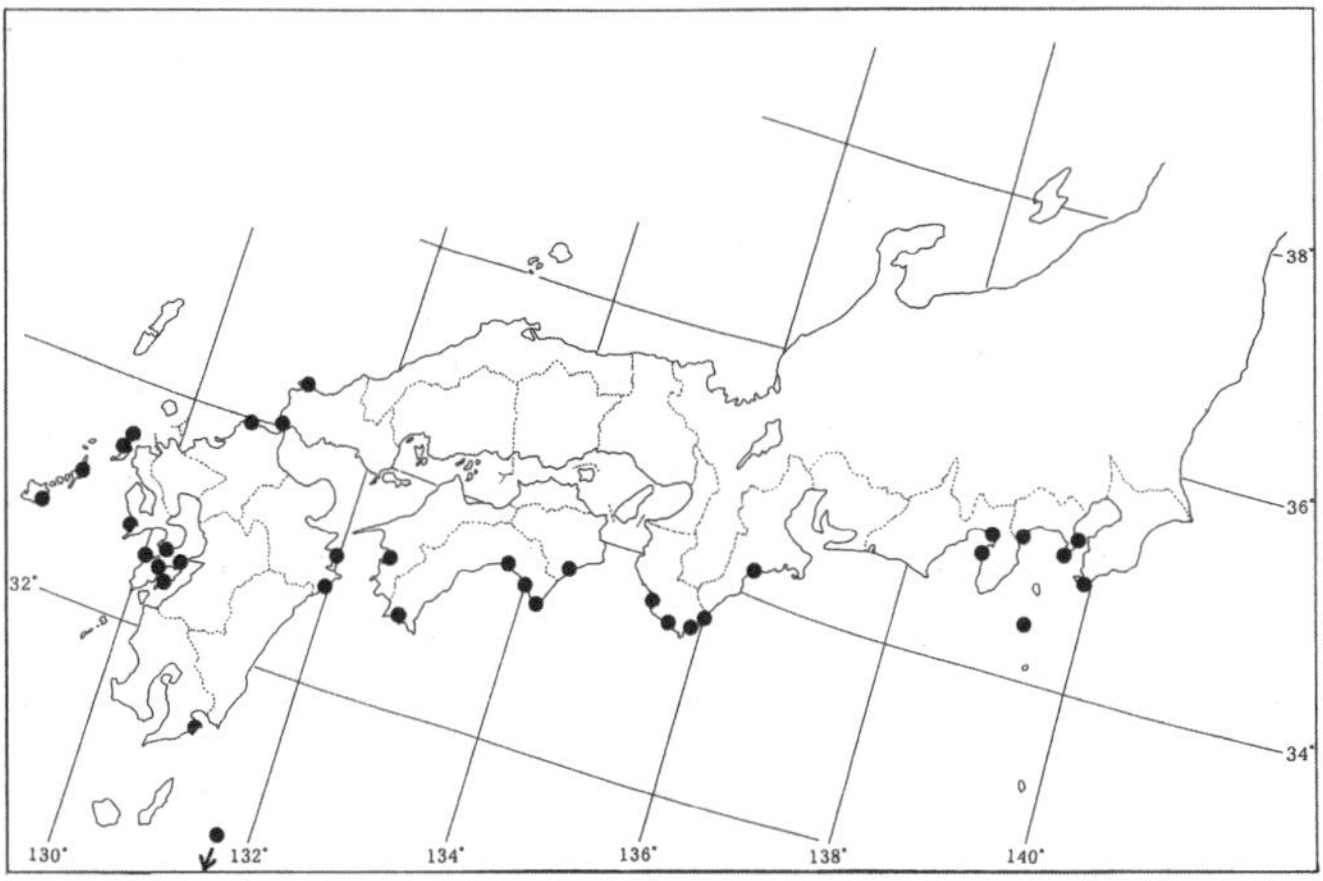

図56　郷土の花としてハマユウを制定した市・町・村（矢印は沖縄県北大東村）

られていなかったものが、昭和十年（一九三五）には紀州の名物になり、各駅の花壇や、温泉地の旅館などにも植えてあったという。ハマユウが載った観光ポスターは昭和四十九年（一九七四）のものがあり、昭和五十六年（一九八一）からは「はまゆうマラソン」というイベントが行われているし、平成十二年（二〇〇〇）にはハマユウが白浜町の花として制定された。白浜町の白良浜にはもともと自生のハマユウがあったが、今ではその浜の松林内にハマユウが一万株植栽されているのをはじめ、町内の観光スポットや県道沿いなど一二か所に約一万五八〇〇株が植えられている。

ハマユウが観光地に欠かせないものとなっている所は何といっても宮崎県であろう。同県で最初にハマユウを観光のイメージアップに使ったのは、宮崎県の観光の父といわれる宮崎交通の岩切章太郎であった。彼は昭和十一年（一九三六）から、青島を中心として日南海岸にフェニックス（カナリーヤシ）、ハマユウ、ポインセチアなどを植え、南国のイメージづくりを始めた。その考えは県の行政にも反映され、その後、昭和四十四年（一九六九）には、宮崎県内の主要道路に樹木や花を植栽する「沿道修景美化条例」が制定された。日南海岸堀切峠とそこに植えられたハマユウとフェニックスの景観は、ポスターや観光パンフレット、観光ガイドブックなどで頻繁に見ることができ、宮崎県の観光のイメージをつくりだした。

伊勢志摩国立公園は昭和二十一年（一九四六）に指定されたが、そのころからハマユウは近畿日本鉄道が宣伝する伊勢志摩観光の広告、記念乗車券、パンフレットなどにしばしば載るようになった。昭和二十五年（一九五〇）には三重県観光連盟が発足し、七月には事業の一つとして「海女と浜木綿」写真撮影会が行われている。昭和二十六年（一九五一）には国立公園指定五周年を記念して伊勢志摩国立公園のはじめてのポスターができたが、その題が「はまゆう」で、大きなハマユウの花と遠くに浮かぶ和具大島が描かれてあるだけの大胆な観光ポスターであった（図57）。その後、昭和三十一年から毎年新しい観光ポスターがつくられたが、昭和三十二年のポスターの題は「海女とはまゆう」であった（図58）。

昭和二十七年から三年間にわたって、菊田一夫作のNHKラジオの放送劇「君の名は」が放送された。これはNHKの歴史に残る超人気番組であったようで、放送される時間帯には銭湯の女風呂が空になったというエピソードがあるほどの人気ぶりであった。六〇歳以上の年代の人ならば、この番組を知らない人はいないであろう。同名のテーマ曲も同時にヒットし、その歌の三番は「海の涯　満月でたよ　浜木綿の　花の香りに　海女は真珠の　涙ほろほろ　夜の汽笛が　かなしいか」という歌詞である。この歌詞は三重県志摩半島の海岸をイメージして書かれたものである。

「君の名は」が映画化されたときには、志摩町（現志摩市）和具大島でロケが行われ、満開のハマユウ群落を背景に撮影された。その島のハマユウ群落は古くから有名で、昭和二十一年（一九三六）には県の天然記念物に指定されていた。前に述べたように、昭和二十九年（一九五四）に全国都道府県の「郷土の花」の選定が行われたが、三重県はハマユウが選ばれたことは、当時の状況か

図57　昭和26年（一九五一）の伊勢志摩国立公園のポスター「ハマユウ」（半田俊彦氏撮影。下図も）

図58　昭和32年（一九五七）の伊勢志摩国立公園のポスター「海女とはまゆう」

ら当然のことである。

昭和三十年代にはハマユウと海女は伊勢志摩観光のイメージとなり、観光ホテルのパンフレットや旅行のガイドブックにはハマユウの写真がよく載るようになった。地元でもハマユウを町内各地に植栽するようになった。その後、前節で述べたように、県の花としては、ハマユウではなくハナショウブになってしまったが、伊勢志摩観光のシンボルとしては、ハマユウがそのまま定着していった。昭和五十二年（一九七七）に日本自然保護協会が発行した小冊子『伊勢志摩の自然観察』の表紙も群生するハマユウであった。昭和六十二年（一九八七）にはハマユウが「志摩町の花」に選定され、観光協会婦人部は、年行事として実施している花いっぱい運動の一環として、積極的に町内の空き地などに苗を植え、夏に訪れた観光客は、どこに行ってもハマユウの白い花を見ることができる。

そのほかの町でも、ハマユウが観光地の緑地帯に植えられ、美化に使われている例はひじょうに多く、日本の野生の植物の中で、これほど観光に利用された植物も珍しい。しかし、近年は地域の植物よりもグルメが中心で、観光ガイドなどを見るとその傾向がはっきりとわかる。

ハマボウの伝説

房総半島は黒潮の影響で冬も暖かく、首都圏に出荷する花卉《かき》の一大生産地となっている。特に千

図59　子の神由来記が記された掛け軸。姫が抱えているのは花をつけたハマボウの枝

葉県安房《あわ》郡和田町（現南房総市）では花卉栽培が大正時代から行われ、中でも花園地区は花卉栽培の発祥の地として知られており、一九五三年には昭和天皇、皇后が訪問されたこともある。その花園地区には花卉栽培が盛んになった原因ともいえる次のようなハマボウにまつわる伝説がある。その伝説は明治時代に書かれた「子の神由来記」と呼ばれる一本の掛け軸に記されていた。その掛け軸には以下のような文と、姫君の絵が描かれている（図59）。その姫君が抱えている黄色の花を咲かせた一枝の木は鮮明には描かれていないが、葉の形や粉白色をした葉の裏から、紛れもないハマボウである。

「子の神権現口碑によれば、太古本村は西条村と言い、村名改称の原因は、人皇九十五代の帝花園院御諱は冨仁の御宇に当り、如何なる人の姫君に渡らせ給いけん、うつろの舟に乗りまいらせ、本村下浦に漂着す。農民集い来り、彼のうつろ舟引き上げて見るに、其齢十九、二十とも思しき官女、御身に綸子の服を召され、縫模様の打掛けを装い、ここらわたりは人住む浦に侍るや、我は遠く太洋を漂流し、必死を凌ぎ、漸く此の浦に漂着し、汝等の世話になり、難苦を免れたり。依って不還の世にあるも此村人民の船難を冥々中に防がん、仰せと共に息絶えたり。里人これを丁寧に葬祭を営む。爾来其冥保たるや、漁民数多あれども未だ難風の際溺死するものなしと言い伝う。塚の上には、常に姫君の秘蔵し給う、花の木を植え日暮墓前に阿伽の水を手向け、姫の菩提を弔い（中略）、姫君の墓前に植たる花の木を、花園の花の木と名づけて、此村にのみ成木し、延慶の頃より西条村を罷名して、花園村と号すと言う。又此子の神の隣地に、花の枝、木花の地名あり、天保晩年迄に当村海岸の並木に、此花の木繁茂せしが、当時の潮風にて絶え、僅に残るを村民庭前に植え秘蔵す。又此花の木古昔より隣村へ植付培養するも、更に成木せずと云う」

以上が掛け軸に書いてある内容であるが、簡単に解説すると、花園天皇が即位したのは一三〇八年であるから、今からおよそ七〇〇年前に、一人の姫がうつろ舟に乗ってこの地に漂着した。村人の介護もむなしく、姫は死に、その墓に彼女が大切に持って来た一本の花木をそこに植えた。それがハマボウであり、村人たちはそれを花園の花の木と名づけて庭に植えて伝えてきたという内容である。このように庭先に花の木、すなわちハマボウを植えたのが、花づくりの始まりとされ、その地区の名称も「花園」と改められた。今でも花園地区の村社である諏訪神社の境内（図60）や古い民家の庭先には、ハマボウが栽培されているのを見ることができる。

うつろ舟に乗って姫君が漂着したという伝説は長崎県対馬《つしま》にも多く、南端の豆酘《つつ》の高御魂《たかみむすび》神社の御神体はうつお舟（うつろ舟）に乗って漂着したと信じられている霊石である。福井県や石川県の海岸地方にもこのような伝説は多い。このような伝説は海の彼方から祖霊たちがやってきて、現世の人々に幸福をもたらすというマレビト信仰に関係があると考えられる。しかし、上記のように植物をもってきたというのは珍しい。

ハマボウと地域おこし

最近になって、ハマボウ群落の貴重さが認識され、保全されるばかりでなく、いくつかの町で地域おこしのシンボルとして知られるようになった。

静岡県磐田郡福田町《ふくでちょう》（現磐田市）では、彷僧川《ぼうそうがわ》河川敷に移植されたハマボウを中心に「はまぼう公園」が整備され、ハマボウに関する講演会を開いたり、「はまぼう橋」と呼ばれる橋や、町立の公営住宅は「はまぼう荘」と名づけられている。また、銘菓「はまぼう」があったり、はまぼう染めが行われたり、マンホールの蓋にもハマボウがデザインされているなど、ハマボウは福田町のシンボルとして親しまれている。

三重県度会《わたらい》郡南伊勢町では、最近になって伊勢路川のハマボウ群落の保全に対する地元の関心が高まってきた。NPO法人南勢テクテク会のメンバーを中心としてついに二〇〇一年七月には

図60　諏訪神社の境内に植えてあるハマボウ（小滝一夫氏撮影）

「輝けハマボウ21フェスタ」というイベントが行われ、観察会、講演、展示、歌、舞踊などがあり、多くの町民が参加した。その後も群生地に看板を立てるなど地区の住民への啓蒙をはかっている。また、地元商店街では大型店舗の進出に対して、振興会をつくり購入金額によって点数が貯まるポイントカードを導入したが、そのカードの名前は「はまぼうカード」と呼ばれている。

徳島県鳴門市では一九八四年にハマボウが市の花に決まってから、そのことを市民に知らせるためと、環境美化意識を高めるために一九九九年から、はまぼう祭りを市民団体の協力を得て行っている。市内にいくつかの会場を設け、ハマボウの苗木を配布したり、お茶を提供するなど、さまざまな活動が行われている。

福岡県前原市と糸島《いとしま》郡志摩町のあいだを流れる

図61　福岡県前原市の泉川自然博物園

泉川の両岸にはハマボウが群生しているが、それを中心に、泉川の自然を守る「泉川はまぼうの会」ができた。会の積極的な活動によって行政も動きだし、川岸周辺も含んで「泉川自然博物園」ができあがった。これは特別な施設はないが、記念碑と看板がつくられている（図61）。

一九九八年七月より毎年「はまぼう夢まつり」というイベントが行われ、研究発表から写真展、講演会などが開かれているほか、「はまぼうの花」という歌をつくり、CDを発売したり、地元の菓子店では「はまぼうまんじゅう」ができている。この会の特徴はハマボウをシンボルとしてさまざまな活動をしていることで、地元の小・中学校の環境教育にも役立っている。

12章　和名と語源

ことばには標準語と方言があるように、植物の名前にも同様に標準和名と方言名（地方名、俗名）とがある。標準和名は植物図鑑などに載っている全国的に通用する名前で、ふつう単に和名といわれている。それに対して方言名は、ある地方だけに通用する名前である。

方言名は、その地方の人々がその植物とどのように関わっているのかがその呼び名に表れている場合があり、大変興味深い。しかし、近年は生活の中で野生植物との関わりがなくなってしまったので、方言名も急速に使われなくなってしまった。

和名は学名のようにそれを定める規約はないので、まれには誤解を招くような場合もある。ショウキランは初夏に淡紅色の花を咲かせる葉をもたないラン科の植物であるが、同じ名前でヒガンバナ科の植物がある。ヒイラギはモクセイ科の植物で、果実は黒紫色に熟す。一方、赤い実をつけクリスマスの飾りに使われるセイヨウヒイラギ（ヒラギモチ）は、モチノキ科の植物であるが、誤ってヒイラギと呼ばれている。

ショウブはサトイモ科の植物で、端午の節供に使われる。初夏に茎の下部に花弁のない小さな花が密生した長さ数センチメートルの花序を出す。一方、五～六月ごろに美しい花を咲かせ、庭園によく植えられてあるのはハナショウブで、これはアヤメ科の植物である。ハナショウブが植えられてある庭はしばしば「しょうぶ園」と呼ばれているように、ショウブと呼ばれることがある。しかし、大部分の植物の和名は混乱なく使われている。

この章では古くからハマユウと呼ばれていたものが、いつ、誰によってハマオモトの名前に変えられてしまったのか？　ハマユウとハマボウの名前の語源は何か？　ハマユウは漢字で浜木綿と書くが、木綿《ゆふ》とは何か？　などハマユウとハマボウの名前に関するいくつかの謎と疑問について解明してみたい。

標準和名はハマユウかハマオモトか？

私は子供のころ、愛知県の知多半島で育ったが、ハマユウについては子供からお年寄りまで誰もが知っていたし、多くの民家の庭で栽培されていた。その後、植物図鑑を見るようになって、ハマオモトという名前が標準和名の第一にあげられていることを知った。

多くの日本の植物を記載した『日本植物誌』や『牧野日本植物図鑑』、さらに保育社の『原色日本植物図鑑』などすべてが、ハマオモトを第一にあげ、一名としてあるいはカッコ書きでハマユウの名を付記している。どちらも和名として認めてはいるが、疑いもなくハマオモトの方が正当な和名として扱われているといえる。しかし、生育している地域の人々のあいだでは、どこでもハマユウの名が知られ、ハマオモトの名で呼ばれているところはない。

また、市町村の花を調べてみても、ハマユウの名で指定している自治体は全国で三五もあるが、ハマオモトの名は使われていない。それにも関わらず、天然記念物指定の正式な名称となると、それとは逆にハマオモトの名前が使われており、ハマユウの名称で指定されているところは一つしかない。どうも民間ではハマユウの名が使われ、学者あるいは官庁ではハマオモトの名を使っているといえる。一般に広く使われ、それが誤用でもなければその名前を正当な和名とすべきである。

ハマユウの名前はすでに述べてきたように、万葉集をはじめ、枕草子、源氏物語、蜻蛉《かげろう》日記など多くの古典の中で登場し、いってみれば由緒ある名称であり、一三〇〇年以上たった現在でも地方ではその名が使われている。それがいつの間にか植物図鑑の中ではハマオモトを第一の和名としてしまったのである。

誰が、いつ頃、どのような理由でハマオモトを正当な名称としたのであろうか。

すぐに頭に浮かんだのは、牧野富太郎である。日本の植物を分類し、優れた植物図鑑を著して、植物学を普及させた最大の人物である。したがって、その影響力も強く、何かの理由があって和名を変更することは十分ありうることである。しかし、私の想像はどうもはずれたようであった。

ハマオモトは浜に生えるオモトに似た植物であることから名づけられたと思われるが、ハマユウがなぜハマオモトの名前に変わったのかを探る前に、そのもとの植物ともいうべきオモトについて触れておこう。

江戸時代の代表的な園芸植物――オモト

オモトはユリ科の常緑多年草で、東海地方以西の本州、四国、九州に分布し、常緑樹林の林床に生育する。厚みのある披針形《ひしんけい》の葉を根元から多数束生する（図62）。春に葉よりも短い花序を出し、淡黄色の花を咲かせるが、花は観賞用にはならない。古くから葉の変化を楽しむ観葉植物として栽培されてきたが、野生のオモトを見る限り、それほど栽培する価値が高いとは思われない。しかし、葉の変わりものが多く、それらを集める収集家にとってはおもしろい対象であったに違いない。漢字では「万年青」と書き、縁起がよい植物と考えられていた。

図62　白い筋の入ったオモトの品種

オモトについては、すでに一三九四年、林逸《りんいつ》による『饅頭屋本節用集《まんじゅうやぼんせつようしゅう》』に霊草として祝い事に用いられたと書かれてある。

オモトが広く栽培されるようになったのは

江戸時代になってからで、徳川家康が江戸に移る際に、三河国長沢村の長島長兵衛が斑入りのオモト三品を献上し、家康は大変喜び、燕尾、畑草葉、東鏡の号をつけ、愛玩したという。

貝原益軒（一六九四）の『花譜《かふ》』にはオモトの栽培法が記されており、「葉も実も愛すべし」とある。『花壇地錦抄《かだんじきんしょう》』（一六九五）には、「葉青く四季にあり。実は秋赤く見事成物」とあり、葉に白い筋の入った「筋おもと」と、白い星がはいった「とらふおもと」が記載されている。

一七九九年にはオモトの品種を八〇種列記したパンフレットができており、一八〇〇年代のはじめのころには、すでに多くのオモトの品種が栽培されていた。

天保年間（一八三〇〜四三年）になると一大オモトブームが訪れる。いくつかのオモト栽培の同好会ができたり、品評会が行われ、珍しい品種になると一鉢百両もの値がつくものもあったという。明治以後もたびたび流行となったことがある。今ではあまり見られなくなったが、私の子供のころには、物干台や棚に、脚のついた黒色の特別な植木鉢に植えられたオモトが多数並べてあるのをしばしば見かけたものである。

ハマオモトになった理由

さて、再び話をハマユウ、すなわちハマオモトに戻すことにしよう。ハマオモトの名前が文献ではじめて登場しているのは、江戸時代でもっとも有名な園芸書である伊藤伊兵衛が著した『花壇地《かだんじ》錦抄《きんしょう》』（一六九五）である。万葉集以後、平安・鎌倉時代を通して、あれだけよく使われ、知られてきたハマユウの名を全く記すことなく、突然のようにハマオモトの名を使ったのは不思議な気がする。それには何か意図的なものがあったに違いない。

『花壇地錦抄』は園芸用に書かれた本であるので、すでに園芸種として知られていたオモトの名前がついていた方が注目されやすいとその著者が考えたのかも知れない。亜高山の針葉樹林の林床に多いツバメオモト（ユリ科）や、海外から移入された園芸植物であるムラサキオモト（ツユクサ科）の名前も江戸時代の文献から見られる。もっとうがった考えをすれば、ハマユウではなくハマオモトの名前をつけることによって商品価値があがると考えたのかもしれない。

伊藤伊兵衛は植木屋であり、園芸家であったから、野生の植物を新たに園芸化して積極的に売り出すこともしていた。その際、ふさわしい名称もつけていたに違いない。これはいつの時代でも同じで、シクラメンのかつての和名はブタンマンジュウであったし、九州西部に分布するダンギクはハナムラサキという名前で鉢植えが売られている。植物に限らず、商品の名前はしばしば売れ行きを大きく左右し、どのような名前をつけるかはきわめて重要なことである。

すでに紹介したように江戸の園芸ブームは大金が動く重要なビジネスであった。ハマユウは寒さに弱く、江戸では戸外で栽培はできなかったから、一部のプロの園芸家以外は苗を購入しても花を咲かせることはできなかったに違いない。ハマユウという古いイメージの名前ではなく、江戸時代の観葉植物の代表的なオモトのつく名前にし、オモトと同じように小さい苗を盆栽鉢に植えれば、観賞用の価値もあがり、販売もしやすかったであろう。ハマユウという古典的な名前は、この時代にハマオモトという経済的な名前に変えられてしまったと思われる。

いずれにしても、ハマオモトを正式な名称として使用したこの『花壇地錦抄』の影響は大きく、江戸中期に書かれた『万葉名物考』には「浜木綿は今浜おもとと言う」とあるし、『万葉動植物考』には、「今ははまおもとともいう」とある。したがって、江戸の中期にはハマユウの名に代わって、ハマオモトの名がふつうに使われていたことがわかる。

一八二八年に出された斑入り植物ばかりを集めた園芸書『草木錦葉集《そうもくきんようしゅう》』にも、一八二九年の岩崎灌園の『シイボルトの草木鑑定書』にもハマオモトの名だけが使われており、植物の専門家である本草学者までが、ハマオモトの名前を使うようになった。江戸末期に出された本草名辞典に相当する水谷豊文《ほうぶん》の『物品識名《ぶっぴんしきめい》』や伊藤圭介の『泰西本草名疏《たいせいほんぞうめいそ》』などにもハマオモトの名を第一にあげ、次にハマユウを小さく記すという表記をしてしまっている。

しかし、地方から出された『紀州続風土記』、『熊野物産初志』では「文殊蘭　ハマユウ」として記されている。中央から使われ出したハマオモトの名前が地方ではまだ十分浸透していなかったのであろう。その後、明治、大正、昭和をへて今日に至るまで、権威のある植物の本はすべてハマオモトの名を第一の和名として記載してきたのである。

それにも関わらず、地方では今でもハマユウの名が使われ、ハマオモトの名前は知られていない。庶民のあいだではそれらの植物学の本に全く影響されず、口から口へと千年以上もハマユウの名が伝えられてきたのは、大変興味深い。ハマユウこそ優雅で標準和名としてふさわしい名前である。

ハマユウの語源

ハマユウはすでに述べてきたように、漢字で書くと「浜木綿」となり、その名前は、浜に生えていて、木綿《ゆふ》に似ていることに由来する。しかし、木綿はもちろんもめんではない。木綿《もめん》は江戸時代に伝えられたものであり、浜木綿の名が使われた奈良時代や平安時代には全くなかったものである。木綿は「ゆふ・ゆう」と呼び、コウゾの皮でつくられたものであるが、皮をさらしただけのものか、裂いて糸状にしたものか、布状にしたものかは諸説がある。それについての解説は後まわしにし、先に、本題のハマユウの語源すなわち、その植物のどこがこの木綿《ゆふ》に似ているから、浜木綿と名づけられたかについて考えてみよう。

ハマユウのどこが似ているかについては二つの説がある。その一つは長く伸びた花茎の先に咲く白い花、すなわち垂れ下がった花弁が木綿《ゆふ》に似ているからという説である。本居宣長の随筆、『玉《たま》勝間《かつま》』の中に「浜木綿……浜おもと言う物なるべし……七月のころ花咲くをこの色白くて垂れたる木綿《ゆふ》に似たるから浜ゆふとは言いけるにや」とある。それに対して牧野富太郎は、『随筆　植物一日一題』の中に、「ハマユウの語源」と題する項目を設け、「浜木綿とは浜に生じているハマオモトの茎の木綿《ゆふ》衣を擬して、それで浜ユフといったものだ」とし、先に紹介した本居宣長の『玉勝間』の文章を引用し、「花が白くて垂れた木綿に似ているから浜ユフというのだとの説は、疾《しつ》に人麻呂の歌を熟知しておられるはずの本居先生にも似合わず間違っている」と断言している。すなわち、ハマユウの葉鞘《ようしょう》が重なった偽茎《ぎけい》が木綿《ゆふ》に似ていることから名づけられたとしている。この説は今日までハマユウの語源として、植物の本によく引用されている。

人麻呂の歌とは、7章で述べた『万葉集』の柿本人麿の歌のことである。すでに述べたように、鎌倉時代の『仙覚抄《せんがくしょう》』（7章参照）にはハマユウの説明の中に「茎は幾重ともなく重なりたるなり、へぎて見れば白くて紙などのように隔てあるなり」とある。当時、実際に剥がして紙のような使い方をしていた（11章参照）。そうすると、ハマユウの語源は牧野博士の偽茎由来説が正しいと思われる。

牧野博士は同書の中で、「木綿《ゆふ》とは元来は楮すなわちコウゾの皮をもって織った布である」と述べている。つまり、ハマユウの偽茎の皮がコウゾで織った布に似ていると考えたのである。木綿《ゆふ》を布と考えたのは、本居宣長も同じで、先の『玉勝間』の木綿《ゆふ》の項で、「いにしへ木綿《ゆふ》と云ひし物は榖《かや》の木の皮にてそを布に織りたりし事古へはあまねく常の事なりし……」と述べている。しかし、木綿《ゆふ》が布あるいは布のようなものでなければ、牧野博士の説は根底からくつがえされることになる。

江戸時代の初期までに刊行された史書や文学作品を集めた『群書類従《ぐんしょるいじゅう》』の編纂に貢献した江戸末期の国学者屋代弘賢《やしろひろかた》は、その中で『古事記《こじき》』の中の一文「また津咋見神《つくいみのかみ》をして榖《こうぞ》を種殖《うえ》しめ、以て白和幣《しろにぎて》を作り、また粟忌部祖《あわのいんべのみおや》・天日鷲神《あめのひわしのかみ》をして木綿《ゆふ》を造らしむ」を引用し、「榖《こうぞ》は紙にすく木なり、またこの書に木綿《ゆふ》といふは、麻の如く木皮を摩剥してとり垂れたるなり」と解説し、木綿《ゆふ》をコウゾの皮を剥いだものとしている。同じ時代の佐藤も『経済要録』の中で「榖《こうぞ》木は即ち楮樹《こうぞ》のことにして、古はこの木の白皮を木綿《ゆふ》と名づけて、白和衣《しらにぎたえ》の神衣《こうぞ》を織りたるものなれば……」と、やはりコウゾの白い皮を木綿《ゆふ》としている。この皮がある程度幅広いものならば、偽茎の皮をイメージできるし、幅が狭いものならば、花弁をイメージする。

同じ時代の有名な新井白石は『東雅《とうが》』の中で、「総言《すべい》ふときは、とりて神を礼するものをミテグラといふ。麻にもあり、苧《からむし》にもあれ、榖《こうぞ》にもあれ、栲《こう》にもあれ、其皮を取りて糸となし、それを結《ゆ》ひて取垂《とりしず》るを、ユフという。分言《わけ》ふときは、麻苧之類をば青和幣《あおにぎて》といひ、ヌサといふ。穀と楮とをば白和幣《しろにぎて》といひ、木綿といふ也。青といひ、白といふ、其色をもていへる也」と解説している。つまり、木綿《ゆふ》は糸にしたものをさすとしている。木綿《ゆふ》が布でなく糸であることは、延喜二十三年の『皇太神宮儀式帳』に「木綿十六斤」とか「木綿二斤」という記録があることからもわかる。

「斤」とは糸の重さの単位として使われており、布のならば「端」で表す。『日本国語大辞典』には「ゆう［木綿］」の説明として、「楮《こうぞ》の樹皮をはぎ、その繊維を蒸して水にさらし、細かにさいて糸としたもの。幣《ぬさ》として神事や祭のときに榊《さかき》にかけて垂らす」とあり、すでに木綿《ゆふ》が布でなく糸であることははっきりしている。したがって、ハマユウの偽茎を木綿《ゆふ》と見立て、名づけられたと考えるのは無理であり、ハマユウの語源は、白く垂れ下がった花弁をコウゾの繊維を白くさらしたもの、あるいはそれからつくられた糸、すなわち木綿《ゆふ》を垂らした状態に見立てたものと考えられる。

ハマボウの語源

ハマボウの語源については、牧野富太郎は浜に生えるホウノキ（モクレン科）からきているとしているが、ハマボウのどこを見てもホウノキには似ていないので、この説には納得できないでいた。しかし、ハマボウの和歌山県の方言名に、ホウノキがあることを知った。そうなるとホウノキはモクレン科のホウノキをさしているのではなく、違う意味があるのではないかと思われる。一方、南方熊楠は「ハマボウは浜穂または浜帆の意か」と述べているが、これには根拠がない。

多くの植物の名前の語源を明らかにした深津正はハワイ語源説をとなえた。すなわちハマボウと類似の植物で亜熱帯から熱帯に広く分布するオオハマボウをハワイではホウと呼んでいる。小笠原に漂着したハワイ人がこの名前を伝え、島の人たちも「ホウ」と呼ぶようになった。

小笠原が発見されたのは一五〇〇年代のことであるが、その後は日本本土と行き来をするようになった。そこで、小笠原の人たちから教えられたホウ（オオハマボウ）によく似て浜辺に生える日本本土のこの木を、「ハマボウ」と呼ぶようになったという説である。この説も少し無理があるように思える。オオハマボウは内陸にも生えるが、海岸にも多いので、これと本土のものを区別するために、わざわざハマという接頭語をつけるのは不自然な気がする。

ハマボウという名前は日本各地でクマツヅラ科の匍匐《ほふく》性矮小低木のハマゴウをさす名前として使われている。この場合は浜這うの意味で、「はまはう」が「はまぼう」に転訛したと考えられる。ハマゴウは砂浜に匍匐する茎を伸ばすので、このように呼ばれるのは納得がいく。そういえば、ハマボウも大きな株で、群生しているものは幹が根元から分かれ、周囲に数メートル以上も匍匐しながら、斜上に伸びる。この状態ならば「這うの木」から「ホウノキ」と呼ばれても、「浜這う」から「ハマボウ」と呼ばれるようになったとしてもなるほどと思える。

またハマゴウとハマボウの方言名はしばしば混同されて使われており、それはこれらの植物の花がちょうど同じ季節に咲き、しかも隣接して生育していることも珍しくはないからであろう。もしある人がハマボウを指して、あの植物の名前は何かと尋ねたとすると、尋ねられた人は、ハマゴウの名前を聞かれたと思い、ハマゴウの方言名である「ハマボウ」と答えてしまう。それを聞いた人は以後、ハマボウというようになるであろう。その逆の場合もありうる。『本草綱目啓蒙』ではハマゴウの異名としてハマツバキ、ハマボウなどが載っている。明らかにハマボウとハマゴウの名が混同されて使われており、今日でも地方名ではそのような例が聞かれる。

ハマボウの和名とその他の呼び名

ハマボウという植物のもっとも古い名前は、前に述べたように一六九五年の『花壇地錦抄』の「はまぼ」であり、『地錦抄附録』にも「浜ぼ」とある（表5　一五七頁）。一八二八年に出された『草木錦葉集』に載っている斑入りのハマボウには「はまぼ布」とあるが、この「布」は解説から判断すると斑入りという意味のようである。これらの文献はすべて園芸書であることから、江戸時代の園芸家あるいは造園業者のあいだではハマボウのことを「はまぼ」と呼んでいたに違いない。これはハマボウという名前を職人風に短く呼んだためではないかと思われる。

一七六五年の『花彙』にはすでに漢名の「黄槿」とともに「ハマバウ」の名前が使われているし、その後に出された本草書では「ハマボウ」の和名を最初にあげ、その後に漢名を付記するようになる。

ハマボウの学名は *Hibiscus hamabo* Siebold et *Zucc.* であるが、これはシーボルトが長崎の出島に滞在していたときに準備していたもので、その種小名（学名は属名＋種小名＋命名者からなる）のhamaboは和名のハマボウに由来している。以上のようにハマボウという和名が普及したのは、江戸時代の園芸書の影響があったと考えられ、一八〇〇年頃にはすでに標準的な和名として定着していたことになる。

オランダのライデン国立植物標本庫には、シーボルトが採集したハマボウの標本があり、その標本ラベルには「ハマボウ、ハマムクゲ、ハマムクギ、黄槿」が日本語で記されてある。黄槿とは、黄色の花が咲く槿《ムクゲ》という意味で、ハマボウにピッタリの名前であると思われるが、黄槿は漢名ではオオハマボウのことである。『本草図譜』（一八二八）では「はまぼう」のほか、「ほうのき、黄槿、金木蘭」の名がある（表5　一五七頁）。「ほうのき」はすでに述べたようにハマボウの地方名として使われていたことがある。

「黄槿」は「ワウキン」とルビがつけてある。これはオウキンと音読みをしたためである。シーボルトが採集した標本の中にも「ボーキン」の名が記されてあるが、オウキンに由来することは明らかである。「金木蘭」も漢名であり、ハマボウの正しい名前ではない。江戸中期には漢名として「黄槿」が定着していたが、江戸末期になると、それに代わって「右納《ゆうのう》」の名前が使われるようになった。これはオオハマボウの沖縄の地方名である「ユウナ」にもとづくものと考えられる。

『大和本草』（一七〇八）では「濱山茶《はまつばき》」の名があるが、著者の貝原益軒は今の福岡県の人であり、その地方では今でも「ハマツバキ」とか「ウミツバキ」と呼ばれている。これらの地方名は紀伊半島でも聞かれる。葉こそ違うが、樹形や花の大きさなどはツバキに似ている。佐賀県肥前町では「フー」の方言名があるが、ホウからきているのであろう。長崎県大瀬戸町では「ガタロウノキ」と呼んでいた。ガタロウとは河童のことで、ハマボウが河川の下流部の河童の出るような所に群生していることからつけられたものである。

第三部　生育地の絶滅と保全

13章　生物多様性と種の絶滅

二十世紀になって、人類の存続に関わるいくつかの環境問題が地球規模で生じてきた。それを地球環境問題と呼んでいる。その一つに野生生物種の減少がある。

先進国では開発や捕獲などによって、それ以前から生物の絶滅が問題にされていた。しかし、最近の熱帯多雨林の研究によって、そこは他の地域と比較して種多様性が格段に高いことがわかってきた。その一方で熱帯林が次々と伐採されていった。このことは急激な勢いで野生生物種が絶滅していることを意味する。最近になってようやくそのことの重大さに気づき、国際的な問題として取り上げられるようになったのである。生物の絶滅を防ぐには、まず客観的に個々の生物種の現状を把握し、個体群の減少の原因をさぐる必要がある。

この章ではハマユウとハマボウを例に、生物多様性と種の絶滅、絶滅の原因、絶滅危惧種を解説した本であるレッドデータブックについて紹介する。

生物多様性

「種多様性」ということばは一九六〇年代につくられ、かなり厳密な生物学の用語として用いられていたが、便利な表現なので、一方では単に種の豊富さを意味することばとして、幅広く用いられてきた。さらに一九八〇年代には種多様性を含むもっと広い概念を表す「生物多様性」ということばがつくられた。ちょうどそのころは熱帯林の伐採が国際的に取り上げられ、野生生物種の減少が深刻な問題と受け取られるようになってきた。

一九九二年六月にブラジルのリオデジャネイロで開かれた地球環境問題を話し合う国際会議、いわゆる「地球サミット」で、野生生物種の絶滅を防ぎ、生態系の保全を目的とした取り決めが話し合われ、「生物多様性条約」として採択されたのである。こうして、生物多様性のことばと共に、その重要性が国際的に認識されるようになった。

日本も翌年、この条約に加盟し、二〇〇二年三月までに世界で一八三か国が加盟している。これにもとづいて日本では一九九五年に「生物多様性国家戦略」を策定し、さらに二〇〇二年には「新・生物多様性国家戦略」を制定した。これには日本の野生生物がおかれている現状や保全のための理念、保全ための方針や提案が示されている。

このように生物多様性ということばは、学問的な用語としてばかりでなく、広く一般社会にも使われるようになってきたが、その意味が十分理解されているとはいえない。生物多様性の意味は「生物多様性条約」の中で、「すべての生物間の変異性をいうものとし、種内の多様性、種間の多様性および生態系の多様性を含む」と定義づけられている。すなわち、生物多様性とは遺伝子レベル、種レベル、そして生物の相互関係の複合体である生態系レベルでの変異性を意味する。

最近の生態学者はさらに高次なレベルとしてそれらに景観の多様性を加えている。すなわち、生物多様性は、遺伝子多様性、種多様性、生態系多様性、景観多様性を含むとしている。しかし、この四つのレベルより六つのレベル、すなわち遺伝的多様性、個体群多様性、種多様性、群落または群集多様性、生態系多様性、景観多様性で捉えるのが適当であろう。

ハマボウに関わる多様性

ハマボウは分類学的にはっきりとした独立種であり、オオハマボウやテリハハマボウなどの近縁種と混同されることはない明確な形態的特徴をもっている。しかし、花の大きさや構造を細かく調べてみると、個体間で少しずつ違っており、「個性」があることがわかる。

例えばおしべの数を調べてみると、三〇個以下のものから、四〇個代のもの、さらに五〇個以上のものまで、個体間で差がある。またその配列も花柱の周囲に均一に着いているものから、下段、中段、上段と三つに分かれているものやそれらの中間型もある。花柱先端部の形や、葯と柱頭の距離、花の大きさなども個体差があり、それは遺伝的多様性にもとづくものである。

花の形態の変異について、長崎県の閉鎖性内湾である大村湾側と外洋側である西彼杵《にしそのぎ》半島西側のいくつかの生育地のあいだで比較したことがある。その結果、花の形態は各個体群でかなりまとまった特徴をもっていること、大村湾側の個体群は、外洋側に比べて花がやや小さく、葯と柱頭の距離が長いことなどの違いがあることがわかった。また、果実の大きさや形も産地によってはっきりと特徴がある。このようにハマボウの花や果実の形態は地域によってかなり違っており、いろいろな地域個体群が存在していることがわかった。各地の生育地が滅びても、一か所に大きな個体群があれば、ハマボウは種として滅びることはないが、各地に特徴的な地域個体群は失われてしまう。ハマボウの保全にはこのような個体群多様性も考慮しなければならない。

ハマボウの群落はすでに紹介したように、ほとんどハマボウ一種からなる純群落で、植物の種数からいうともっとも単純な群落である。しかし、その群落を観察していると、実に多くの生物種に出会うことができる。

まず花の咲く季節には、ナガサキアゲハやモンキアゲハなどのアゲハ類やイチモンジセセリなどのチョウ、ミツバチ、ハナムグリなどの訪花昆虫のほか、アミメアリ、トビイロシワアリなどいろいろなアリ類が見られる。アリ類は花の季節を中心に、ハマボウ全体を這いまわっているのが見られる。これは花蜜に誘引されているように思えるが、花に直行しているわけではなく、葉にも滞在しているようである。葉の裏の主脈の基部には裂け目があり、そこから蜜を分泌しており、そこに集まってくるアリもいることがわかった。

また、葉やとりわけ花や果実にはしばしば蛾の幼虫が見られる。かなり高い割合で、果実が被害を受けている。ハマボウからホソバチビヒメハマキ、マダラトガリホソガ、モモノゴマダラメイガ、カクモンノメイガ、ワタノメイガ、フタトガリコヤガの六種の幼虫の寄生が報告されている。これらの中でカクモンノメイガ、ワタノメイガ、フタトガリコヤガはフヨウ属植物に寄生することが知られている。これらの蛾の幼虫は鳥類の格好の餌となり、オオヨシキリをはじめ、いろいろな鳥が食べにやってくる。

一方、花はミドリコガネやカナブンの食害を受けているのが見られる。花が落下したときが干潮時であると、アシハラガニなどのカニの仲間がそれを食べているのが観察される。ハマボウが生育しているのは干潟の縁であり、その林床には多くのカニが棲息しているし、ヘナタリやフトヘナタリなどの貝類も見られる。長崎県大村湾沿岸のハマボウ群落の中には、山口県西部や九州西部の河口に分布する巻き貝のオキヒラシイノミガイが生息している。

ハマボウはしばしば水面を被うように枝を伸ばしており、夏にはその下にシオアメンボのコロニーが見られることがある。明らかに日陰の狭い範囲の水面を泳ぎまわっており、夕方や秋になるとそこを離れてもっと広い範囲に拡がっている。

ハマボウ群落は同じような立地にアイアシ群落やヨシ群落が見られたり、さらに海側のやや低い立地にはシオクグ群落、ハマサジ群落などが見られ、塩生植生を形成している。その前面には干潮時には干潟をつくり、多くのベントス（底生生物）が観察できる。そのような所にはたいていシギ類が餌をあさりにやってくる。このようにハマボウ群落は、ハマボウ一種が切り離されて成り立っているわけではなく、ほかの多くの生物種と関係しあって存在しており、さらに隣接した異なる群落と共に一つの生態系を形成している。

絶滅する野生生物

およそ一億年前は恐竜時代といわれるように、いろいろな種類の大型爬虫類が繁茂していたが、約六〇〇〇万年前に滅びてしまったことはよく知られている。種は永遠に存続するものではなく、地史的に見れば次々に絶滅し、また新しい種が出現している。マイヤースは著書『沈みゆく箱舟』の中で、種が絶滅する速度を計算しているが、それによると恐竜時代は約一〇〇〇年に一種であったが、人類が自然破壊をし始めてからは急速な勢いで種が絶滅するようになり、一九〇〇年ごろでは約四年に一種の絶滅となった。さらに一九〇〇年代の前半には約一年に一種、一九七五年ごろには約九時間で一種となり、それ以後二〇〇〇年までは約一三分に一種の割合で絶滅しているという。

かつては北アメリカにたくさん飛来してきたリョコウバトやインド洋のモーリシャス島特産の飛べない鳥ドード、世界最大の鳥であったマダガスカル島のエピオルニスなどはすでに絶滅してしまったし、日本でもオオカミをはじめ、ニホンアシカ、キタタキ、トキなどが絶滅している。キタタキは日本では対馬《つしま》のみに分布し、体長三〇センチメートルほどの日本最大のキツツキの仲間であった。明治中頃には剥製標本として外国へ輸出するために、盛んに捕獲されたために、個体数が減少し、一九二三年（大正十二）に国の天然記念物に指定されたが、すでに遅く、昭和十年ごろにはすっかり姿を消してしまった。

トキは江戸時代までは北陸や東北地方に広く分布していたが、狩猟などによって個体数が著しく少なくなったために、一九五二年に国の特別天然記念物に指定された。しかし、開発などによって生息環境は悪化するいっぽうで、個体数も減少し続けたために、環境庁は一九八一年新潟県佐渡島に「トキ保護センター」をつくり、残っていた野生のトキ五羽をすべて捕獲し、繁殖を試みた。巨額の資金を投入した人工繁殖計画も失敗に終わり、日本からトキは絶滅してしまった。一方、イリオモテヤマネコやツシマヤマネコ、アホウドリ、カワウソなども絶滅寸前の状態である。

植物ではムジナモ、ヒトツバノキシノブ、オリヅルスミレなどが最近になって野生のものが絶滅したと考えられるし、フサタヌキモ、オナガカンアオイ、ヒレフリカラマツ、カミガモソウなどが絶滅寸前である。このような状況になったのはほとんどがさまざまな人間の行為である。具体的には捕獲や採集などの直接的な原因ばかりでなく、森林の伐採や造成、埋め立てなどの生息・生育地の破壊もある。これについては後の節で詳しく述べることにする。

種が絶滅する原因

植物が絶滅した、あるいは絶滅が危惧される状態となった原因にはいろいろある。環境庁ではレッドデータブック作成にあたって、日本植物分類学会を通じて全国の研究者に分布情報を提供してもらうように依頼した。それは種ごとに詳しい分布地点、現存する集団数、現存する個体数、減少の主要因などを記入するようになっている。その中で減少の主要因として、二四の項目から選ぶようになっている。その結果、生育地減少のもっとも高い要因は「園芸採取」の二四パーセント、次いで「自然遷移」の一五パーセント、「森林伐採」の一四パーセントであった。この項目は開発に関係した行為が「道路工事」「土地造成」「池沼開発」「河川開発」「湿地開発」「ダム建設」など細分されすぎており、これらをまとめると九六パーセントにも達する（複数回答）。すなわち開発による生育地そのものの消失が種の絶滅に直接つながっていることになる。

「園芸採取」は古くから山草マニヤによって珍しい草がねらわれ、売買の対象にもなっている。山野草を販売している店に行けば、名前だけは知っているが、見たこともない珍しい植物や、法的に採集が禁止されている植物まで売られている。特にラン科植物などは数十年前からカンランがねらわれ、そのあとにエビネブームが起こり、たちまち野生のものは少なくなった。私が学生時代にはじめて対馬を訪れた四〇年ほど前には、キエビネが集落の近くの林の中にふつうに群生していたが、今では山奥に入らないと見られなくなった。野生ランのマニアは、それだけをねらって歩きまわるために、植物研究者もめったに行かないような所までもくまなく歩いており、生えていそうな環境もよく知っている。採取の対象となるのは美しい花を咲かせるランばかりではない。目立たない花を咲かせるカンアオイもブームとなり、ほとんどのカンアオイ類は絶滅危惧種となってしまった。このような「園芸採取」は、目的の植物がはっきりしており、珍しいものがねらわれるだけに、絶滅に追いやるもっとも危険な原因である。

「自然遷移」はレッドデータブックが作成されるまで、原因としてあまり重要視されてこなかった。絶滅危惧種の中にはキキョウ、キンラン、フジバカマなどかつては里山などの人里近くにふつうに見られたものが含まれているが、これらは薪炭材の採取や草刈りなどが定期的に行われなくなったために、それらの植物が他の植物との競争に負けて減少していったものである。特に里山の自然については、近年その価値が見直されてきており、ボランティアの人たちによって里山管理も行われている例が各地に知られるようになった。

アメリカ合衆国では一八八〇種の絶滅したあるいは絶滅に瀕した生物種の原因を調べているが、それによると立地の消失が八五パーセント、外来種の影響が五〇パーセント、環境汚染が二四パーセント、乱獲が一七パーセントなどとなっている（複数回答であるので、全体では一〇〇パーセントを超えている）。やはり生育・生息地の消失が一番の理由であるが、外来種の影響が大きいのが注目される。とくに固有種の多いハワイ諸島は外来種の影響が強く、合衆国で絶滅した鳥類の七五パーセントがハワイ諸島である。

ハマユウの絶滅とその原因

植物の絶滅の原因の一つに盗掘がある。可憐な花の咲く山野草はその対象にされ、特にエビネなどのラン科植物やカンアオイ類などは山草の中でも一時期ブームがあり、絶滅した産地も少なくない。ハマユウは今でこそあまり盗掘が問題にされることはないが、歴史的に見れば、もっとも古くその被害をこうむった植物であるといえる。昔から生育地近くの民家にはハマユウがよく栽培されていたものであるが、それらは近くの自生地から掘り採られたか、その株を起源とするものに違いない。いつごろからハマユウが盛んに栽培されるようになったかは明らかでないが、昭和初期にはすでに野生のものが掘り採られ、栽培されていたことが記録からわかる。その記録とは、そのころにつくられた多くのハマユウを詠った俳句である。

並べうえて浜ゆふに道つくりけり　尾崎棣園　昭和七年　倦鳥
どの店も浜ゆふ植えて温泉の町　木下扇汀　昭和七年句会

我が家の裏の浜ゆふ咲きにけり　佐藤春夫　昭和七年南紀芸術
浜ゆふのほとりをはきて門火かな　榎本羊三　昭和九年　葵酉句抄
浜ゆふに朝顔の手のとどきけり　福本小蓑女　ホトトギス
はまゆふや熊野めぐりの宿々に　滝川如人　ホトトギス

ハマユウは日本に自生する植物であるが、これらの俳句は、ハマユウが人々に親しまれ、すでに当時、家庭や温泉街にふつうに植えられていたことを示している。

およそ七〇年前の『福岡県史跡名勝天然記念物調査報告（一九三四）』の中のハマオモトの報告の中で、すでに「現存生育地の何れに於いても、人為による過度なる採集によりて漸次衰微状態に入りつつある状況歴然たるものがあり」、また「近き将来に於いて遂に絶滅するに至る個所が多かるべく、寒心すべき状態にある」と記されているし、『愛知県史蹟名勝天然記念物調査報告書第十二』（一九三四）の伊良湖岬の植物の説明の中で「ハマオモトは乱獲せられた為に殆ど絶滅した」とある。

『静岡県史跡名勝天然記念物調査報告（一九三七）』には、「鑑賞の目的をもって近年好事家の乱採する所となり、漸く其の量減少しつつあり。もって其の絶滅せし所もありて、此のまま放任せんか折角の名草も将に絶滅に瀕せんとするの状明白にして」、さらに「すでに沼津付近、白浜、稲取、御前崎の如く絶滅し去りし所すらあり」とある。

三重県の『史蹟名勝天然記念物』（一九四〇）の和具大島暖地性砂防植物群落の説明の中で、「志摩地方のハマユウは旅行者の為に採取され又は金儲けの為都会地に運び出されて、漸次減少し、すでに全然無くなった所もあるという」と記されている。このように七〇年も前に各地ですでに盗採が行われ、また絶滅した産地がかなりあったことがわかる。さらに古く、三重県紀伊長島町に残っている古文書によると、一七六八年二月、当時の木本代官から長島組大庄屋三宅太郎兵衛あてに「播磨守様御用、浜木綿《はまゆう》谷渡《たにわたり》之儀、別紙通奉行衆より申来候」とある文書が送られ、江戸詰めの紀州候家老から珍しいハマユウとオオタニワタリを江戸表に送るように命じていたことが記されている。ハマユウは江戸時代から園芸用に採取されていたのである。

海岸植物の絶滅の原因は何といっても護岸工事や海岸の埋め立てなどによる生育地の消失である。海岸の護岸工事は一九五〇年より海岸保全事業によって本格的に始まったが、一九五三年に近畿・東海地方を襲った台風一三号は、主として高潮によって多大な被害を与えたために、それをきっかけに一九五六年に『海岸法』が制定された。そのすぐあとの一九五九年には伊勢湾台風が同じ地域を襲い、さらに護岸工事に拍車がかかった。

特にハマユウは海浜の安定地、すなわちハマゴウ群落の内陸側に群生している（4章参照）。汀線からやや離れた海浜の安定地が一番護岸工事がされやすい所である。護岸工事によって西南日本の多くの地区で、ハマユウ群落は消失したり、分断されたりした。

外来種の問題

最近になって外来種による生態系の撹乱が各地から報告されるようになり、二〇〇五年六月には外来生物法が施行され、指定された特定外来生物の輸入や飼育・栽培、販売などが規制されるようになった。ブラックバスやブルーギルなど、外来動物の影響はしばしば報道されているが、植物ではあまり知られていない。しかし、セイタカアワダチソウやタチスズメノヒエなどは湿地にも生育でき、絶滅危惧種が多い湿地ではそれらの繁殖が明らかに悪影響を与えているし、ホテイアオイが溜め池の水面を被いつくしてしまい、在来の水草が衰退しているところもまれではない。ここでは海岸植物に与えている外来種の影響を紹介してみよう。

長崎県壱岐市の無人島辰《たつ》の島は、ハイビャクシン群落をはじめ自然度の高い海浜植生が発達し、「辰の島海浜植物群落」として国の天然記念物に指定されている。しかし、隣接した島に移入したシカが繁殖しすぎて、この島にも侵入し、ハイビャクシンはシカの過度な食害を受けてほとんどの株は枯死してしまった。日本産のシカといえども、もともといなかった島への移入は外来種と同じように生態系を破壊してしまう。同じような例がハマユウにもある。

東京都八丈島の近くにある八丈小島のハマユウ群落は東京都の天然記念物に指定されていた。しかし、放置されたヤギの繁殖によって島のすべてのハマユウが食べられてしまい消滅し、二〇〇三年に指定解除されてしまった。

海浜は裸地が多いので、外来植物が侵入しやすい。アカバナ科のマツヨイグサ属（*Oenothera*）の植物は乾燥した土地にも強いらしく、かつては海岸近くの空き地にツキミソウがよく見られたし、オオマツヨイグサ、アレチマツヨイグサなどもやや安定した砂浜によく生育している。匍匐《ほふく》性のコマツヨイグサなどは海浜の環境に適応し、どこでもふつうに見られるようになった。しかし、これらの外来植物が繁茂しすぎて、在来の海浜植物を駆逐するようなことはこれまで考えられなかった。

最近になって海浜にアツバキミガヨランが繁殖し、海浜植物に悪い影響を与えていることが観察されるようになった。アツバキミガヨランは通称ユッカといわれ、北アメリカ原産の常緑低木で、リュウゼツラン科に属し、大きな花序に白い大きな花を多数咲かせることから、観賞用に公園や学校などに植えられてきた。古くから日本に導入された園芸植物であるが、最近になって西南日本各地の海浜に野生化していることがわかってきた。

三重県志摩市和具大島はハマユウをはじめ、海浜植物の群落として県の天然記念物に指定されているが、ここにもアツバキミガヨランが繁茂し、貴重な海浜植物群落の脅威になっていた。地元の自治体ではハマユウ群落を保全するためにアツバキミガヨランの駆除を行ってきたが、少なくなるどころか、ますます繁殖していった。志摩半島野生生物研究会では、何とか本来の海浜植物群落を維持したいと、まずアツバキミガヨランの現状を観察した。伐採し砂浜に積み上げて放置したものが枯死することなく生育していることや、伐採し、残った地下の茎からは多くの芽を出し、株を拡げてしまうこともわかった。結局は海浜植物をなるべく痛めないように、機械は使わず、根からスコップで掘り取る以外になく、駆除した植物は島外に運び、そこで焼却することになった。夏の四回の駆除作業で、合計一一〇名の参加者により、約六八八〇キログラムのアツバキミガヨランを駆除することができたが、これでも生育範囲の一〜二割の面積にすぎないという。いったんはびこったアツバキミガヨランを駆除するのはいかに大変かを物語っている。

ハマボウ生育地の絶滅

ハマボウの生育地の減少は河川の改修、埋め立て、護岸工事の三つがあげられる。すでに絶滅した県として千葉県、大阪府、広島県があり、千葉県では一九五〇年代には生育していたようで、小滝一夫氏（私信）によれば、館山市、白浜町の海岸に生育していたものは高潮時に流出したとのことである。海岸侵食によるものであろう。大阪府、広島県での消失は、海岸の埋め立てあるいは護岸工事によるものと考えられる。

生育地が五〇パーセント以上減少した県として、静岡県と兵庫県がある。静岡県では古くからハマボウ群落が伊豆半島から知られていたが、一〇〇〇株以上が生育するといわれた南伊豆町青野川の大群落が河川改修で激減したのをはじめ、ハマナツメと共に三保半島の内湾側に発達した群落が埋め立てによって、そのほか多くの生育地が開発などによって消失した。兵庫県では西播磨と淡路島に知られているが、淡路島の津名《つな》町、西淡《せいだん》町、一宮町の産地はすでに絶滅してしまった。

福岡県では海岸地帯に広く分布していたが、沿岸部は埋め立てが進み、絶滅してしまった生育地も多い。福岡市今津瑞梅寺《いまづずいばいじ》川下流には数一〇株あったが、護岸工事によってわずかな個体が残っているだけとなったし、遠賀《おんが》郡岡垣《おかがき》町汐入《しおいり》川では両岸二、三〇〇メートルにわたって群生していたが、護岸工事のために今は小さな群落を残すのみとなった。

長崎県は大きな河川がないために一〇〇株以上の大きな群落こそ見られないが、海岸線が複雑なために小さな群落は多く、ハマボウは珍しくはない。しかし、対馬《つしま》の北部の上県町《かみあがたちょう》（現対馬市）佐護《さご》川下流部の群落は、北限の生育地として重要である。ここにハマボウの群落はおよそ六〇株からなり、根元の直径は約二五センチメートルもある大きな個体も多く、立派な群落であった（図63）。河口には佐護川から運ばれた砂が堆積した対馬では珍しい広大な砂浜が発達しており、コウボウムギ、コウボウシバ、ハマニガナ、オカヒジキ、オニシバ、ハマボウフウなどの海浜植物群落が発達していた。しかし、一九九六年に訪れたときには河川改修と河口付近の工事により、ハマボウ群落は消滅し、河口の海浜群落も破壊されてしまっていた。翌年に下流の川岸にようやくハマボウ一株

図63　絶滅した北限の長崎県対馬市（旧上県町）佐護川のハマボウ群落

を発見することができただけである。

上記に紹介した絶滅した地域は、この三〇年ほど前からおきた例であるが、ハマボウの生育地は平野部の海岸地域であるため、古くから河川改修や埋め立ての影響を受けてきたはずで、それによって過去において絶滅してしまった地域も少なくないであろう。

個体群の孤立化

ハマボウ生育地が直接的な破壊によって絶滅している例を紹介したが、間接的にも絶滅に向かう心配がある。それはハマボウ群落の多くが五〇株以下、一〇株以下の断片的な群落がほとんどで、しかもそれぞれの個体群が孤立していることである。一〇〇株以上の群落は本州では七か所、四国で一か所、九州で一〇か所と少ない。

ハマボウは5章で述べたように、自家和合性であるが近交弱勢を示す。一般に個体群が小さくなると遺伝子が均一化し、孤立化すると近親交雑を繰り返すことになる。その結果、奇形や病虫害に弱い個体が出現したり、繁殖率が低下し、絶滅しやすくなることが知られている。

トキは絶滅を防ぐために繁殖センターをつくり、捕獲して繁殖を試みたが、失敗に終わり、絶滅してしまった。個体数が極めて少なくなった時点で、すでに遺伝子に均一化がおこり、十分な繁殖能力に欠けていたと考えられる。エゾオオカミもニホンオオカミもすでに明治時代に絶滅したが、一匹も残らず銃で打ち殺されて絶滅したわけではない。個体数がある一定数よりも少なくなると、あとはそれ以上生息環境が悪化しなくても自然に絶滅に向かってしまうものである。それを絶滅プロセスといい、それに陥る前に何らかの保全対策を実行しなければ、手遅れになると考えられる。

日本は山地が多いが、古くから鉄道や道路が通り、さらに近年は山岳地帯を縦断するようなハイウェイが建設され、大形の哺《ほ》乳類の行動範囲が制限され、生息範囲が分断されている。そうなると、日本全体では個体数がかなり多くても、一つ一つの個体群が孤立化しており、すでに絶滅プロセスに入っている個体群があるかも知れない。例えばツキノワグマは、九州では絶滅した可能性が強いし、中国地方でも個体群は孤立化しており、遺伝的に均一化が進んでいると考えられる。

大形の哺《ほ》乳類では遺伝子解析などによって個体群の孤立化が問題になっているが、植物ではほとんど知られていない。植物は繁殖システムが高等動物に比べて複雑であり、種によって孤立化の影響は大きく異なると考えられる。ハマボウは他の塩生植物と同じようにふつう純群落をつくる植物である。しかも虫媒花であるため、孤立化の影響を受けやすいと思われる。

私は以前ハマボウ個体群の変異について調べたことがあるが、小さな孤立個体群では明らかに変異が小さく、遺伝的多様性が低くなっていると考えられる。実際に多くの個体群では個体数が少なく、孤立しているので、長い目で見ると繁殖率が低下していく可能性がある。

レッドデータブック

絶滅のおそれのある種の現状を科学的に把握し、保全対策を講じる基礎資料として、その種をリストし解説した本、すなわちレッドデータブックがまとめられるようになった。

植物では一九八九年に日本自然保護協会などから『我が国における保護上重要な植物種の現状一九八九年版』が出版された。絶滅危惧植物を扱った日本ではじめての出版物であり、その反響は大きかったが、急いで作成したためか誤記や脱落した種も多く、改訂版が必要とされた。

一九九二年には「絶滅のおそれのある野生動植物の種の保存に関する法律」が制定され、法的に絶滅のおそれのある種が保護されることになった。翌年の一九九三年には日本も「生物多様性条約」

の締結国になり、生物多様性の保全および持続可能な利用を目的とする『生物多様性国家戦略』が策定された。

レッドデータブックに掲載されている種のリストをレッドリストといい、絶滅の危険度によっていくつかのカテゴリーに評価されている。すなわち、絶滅のおそれのある種を「絶滅危惧種（CE）」といい、その中を危険度の一番高い「絶滅危惧ⅠA類（CR）」、それに続く危険性の高い「絶滅危惧ⅠB類（EN）」、それほどでもないものを「絶滅危惧Ⅱ類（VU）」とし、そのほか「絶滅種（EX）」「野生絶滅種（EW）」「準絶滅危惧種（NT）」の区分が設けられている。旧環境庁では『生物多様性国家戦略』を受けて、二〇〇〇年にレッドデータブック維管束植物版を発刊し、後に各分類群ごとに発行している。記載された維管束植物の絶滅危惧種（Ⅰ類とⅡ類を含め）は一九九四種となっている。その後改訂がなされ、維管束植物では二〇〇七年に新しいレッドリストが発表された。

しかし、日本は南北に長く、亜熱帯から亜寒帯までの気候帯にまたがり、生物相も地域によって大きく異なる。したがって、絶滅のおそれのある生物種も地域ごとに指定する必要があることから、上記のような全国版とは別に、都道府県ごとにレッドデータブックがまとめられるようになり、二〇〇六年までにすべての県で出版された。また、最近は市の単位でもレッドデータブックがつくられているところもある。

ハマユウとハマボウの取り扱い

二〇〇七年に環境省から出された全国版レッドデータブックの中には、ハマユウもハマボウも記載されていない。すでに述べたようにハマユウの生育地が各地で減少したのは七〇年以上も前からで、当時から見ると今は生育地が消滅することはかなり少なくなっている。レッドデータブックは過去一〇年間を目安として減少率を考慮に入れてカテゴリーが決定されるので、ハマユウは絶滅危惧種とは判定されない。

一方、ハマボウも三〇年ほど前から比較すると明らかにその生育地は減少しており、また実際に以下に紹介するようにハマボウが分布しているほとんどの県のレッドデータブックには扱われている。客観的に判断すると準絶滅危惧種（NT）あるいは絶滅危惧Ⅱ類（VU）とするのが妥当であろう。

都道府県別のレッドデータブックでハマユウとハマボウがどのように扱われているかを表8に示した。ハマユウを絶滅種としたのは愛知県がある。徳島県でも唯一の産地であった出羽島のハマユウは昭和三十年代に絶滅したが、県のレッドデータブックでは記述されていない。絶滅危惧ⅠA類としたのは神奈川県で、もともと産地は限られていた。絶滅危惧ⅠB類としたのは和歌山県と福岡県である。和歌山県はかつてハマユウの自生地が多かったが、園芸用に徹底的に採集されてしまっ

表8　各県RDBにおけるハマユウとハマボウの取り扱い

府県名	発行年	ハマユウ	ハマボウ	府県名	発行年	ハマユウ	ハマボウ
千　葉	1999	要保護生物	−	愛　媛	2003	な　し	Ⅱ　類
神奈川	2006	ⅠA類	ⅠA類	岡　山	2003	−	Ⅰ　類
静　岡	2004	な　し	な　し	広　島	1995	Ⅱ　類	−
愛　知	2001	絶　滅	Ⅱ　類	山　口	2002	Ⅱ　類	Ⅱ　類
三　重	2005	準絶滅	Ⅱ　類	福　岡	2001	ⅠB類	Ⅱ　類
和歌山	2001	Ⅰ　B	準絶滅	大　分	2001	な　し	Ⅱ　類
大　阪	1998	−	絶　滅	佐　賀	2001	な　し	な　し
兵　庫	2003	−	ⅠA類	長　崎	2001	な　し	準絶滅
香　川	2003	−	Ⅰ　類	熊　本	2004	な　し	な　し
徳　島	2001	な　し	Ⅰ　類	宮　崎	2000	な　し	準絶滅
高　知	2000	な　し	ⅠA類	鹿児島	2003	な　し	準絶滅

た。観光地では植栽も多く、自生かどうかよくわからなくなっている所もある。絶滅危惧Ⅱ類としたのは広島県と山口県、準絶滅危惧種としたのは三重県である。静岡県でも過去の記録からみると、生育地は減少しており、少なくともⅡ類には該当するであろう。その他、千葉県は要保護生物として扱っている。

一方、ハマボウを絶滅種（EX）としたのは大阪府である。絶滅危惧ⅠA類（CR）としたのは神奈川、兵庫、高知の各県である。神奈川県の産地は14章で紹介するように天然記念物に指定されているので、人為的な原因による消滅は考えられないが、一か所のみであり、絶滅危惧ⅠA類とするのは妥当であろう。兵庫県では洲本市由良《ゆら》成《なる》ケ《が》島《しま》を除くと、いくつかの産地で絶滅か絶滅寸前の状態である。高知県は気候的にはハマボウの生育に適した地域であるが、海岸線が単調で、生育立地が少ないので、確実に生育している産地は二か所しかない。かつては高知市にも生育していたと思われるし、室戸市の産地も近年は確認されていない状況である。

絶滅危惧Ⅰ類（CE)としたのは岡山、香川、徳島の各県である。

図64　韓国済州島のハマボウ群落に立てられている保護のための看板

徳島県もかつてはいくつかの産地が知られていたが、近年は少なくなっている。絶滅危惧Ⅱ類（VU）としたのは愛知、三重、山口、愛媛、福岡、大分の各県である。準絶滅危惧種（NT）としたのは和歌山、長崎、宮崎、鹿児島の各県である。絶滅危惧種としてあげなかった佐賀県では、県下最大の群落で三〇株ほどあった唐津川下流にあった群落は河川の改修で二株を残すのみとなったし、いくつかの産地で絶滅しているので、少なくとも絶滅危惧Ⅱ類（VU）とすべきであろう。

韓国では環境處指定保護野生動植物種として絶滅危機種（Endangered）、減少趨勢種（Valunerable）、韓国特産種（Endemic）、稀貴種（Rare）の四つに区分しているが、ハマボウは絶滅危機種として指定され、かなりきびしく保護されている（図64）。

14章　自然保護と天然記念物

これまで述べてきたようにハマユウとハマボウは生態学的にも植物地理学的にもたいへん興味深い植物であり、13章で述べたようにそれらの生育地は少なくなっている。したがって、生育地を保護しようとする活動はハマユウでは古くから、ハマボウでは最近になって行われるようになった。

一般に貴重な植物の生育地を保護するために、国や県では、古くから天然記念物に指定してきた。天然記念物の指定は、絶滅に瀕する植物の生育地や分布上貴重な生育地の保護というよりは、大木や名木などいわゆる珍しさが基準となって行われてきた。最近では、レッドデータブックの中で絶滅危惧種に指定し、何らかの規制をしたり、県別に貴重な野生生物を保護する条例をつくり、何らかの保全対策を立てるようになった。しかし、これでは現代のような絶滅危惧種の保全には十分機能しているとはいえない。

この章では自然保護の歴史にふれながら、ハマユウとハマボウの保護活動と天然記念物ついて紹介してみたい。

自然保護の歴史

伊勢神宮や出雲大社などのような有名な神社から、村の小さな神社に至るまで、多くの神社には鎮守の森といわれる社叢林が見られる。これは神域として伐採することなく保護されてきたもので、神社側が用材や燃料として森の一部を伐採することはあっても、一般の人たちがそれを伐採することを固く禁じていた。神社と森の結びつきは日本独自のもので、文化的にも民俗学的にも興味深いばかりでなく、その森はしばしば学術的にも価値の高い林となっている。なぜなら神社の周囲が水田や市街地になってしまっても、社叢林だけはその地域の本来の自然を残しているからである。

沖積《ちゅうせき》平野に比較的新しく立てられた神社を調べると、時代の経過と共に社叢林ができあがっていくようすがわかる。そうなると神社（建物）が先で、あとから森ができたことになるが、実は古い時代の神社はその逆のようで、森があって、あとから社殿ができあがっていったと思われる。

人類は古くから自然物を崇拝する気持ちがあり、特に日本人にはそれが近年まで続いてきたようだ。大きな岩やそびえたつ峰、滝、巨木などを祀った例は珍しくはなく、うっそうと茂った常緑樹からなる森にも神がいると考えるのも自然のことであろう。

ハマボウは海岸に生育するので、その群落が社叢林として保護されてきた例はないが、海岸の社叢林の縁に発達したものが保護されてきた例が見られる。愛媛県西宇和郡瀬戸町（現伊方《いかた》町）三《み》机《つくえ》の陸けい島（砂州などの堆積によって本土と陸続きになった島）には八幡神社があり、その社叢林は主としてウバメガシ林となっており、「須賀《すか》の森」と呼ばれ、今では天然記念物に指定されている。この中に宇和島藩主伊達公が参勤交代の途中、舟を隠しておいたと伝えられる六艘堀《ろくそうぼり》と呼ばれる堀がある。そこは現在では満潮時に海水が滲み出る程度で、ハママツナやホソバノハマアカザなどの塩生植生が見られ、ハマボウもその周囲と内湾側に生育している。したがってそこのハマボウは、社叢林の一部として江戸時代から伐採を免れてきたに違いない。

静岡県賀茂郡西伊豆町安良里《あらり》にある網屋《あみや》岬は、小さな陸けい島で、そこには浦森神社が祀られ、ウバメガシ林を主とした社叢林が発達している。それに接する内湾側にハマボウ群落が見られ、約六〇メートルにわたって群生しており、ウバメガシ林と共に保護されてきた（図65）。

図65　静岡県西伊豆町（旧賀茂村）安良里網屋岬のハマボウ群落

内湾に浮かぶ小さな島に神社や祠があり、島全体が社叢林として保護されている所も少なくないし、その周囲にハマボウが生育している例もいくつかある。例えば愛媛県南宇和郡御荘《みしょう》町（現愛南町）大島（厳島神社）、長崎県平戸市紐差《ひもさし》の沖の島（三輪神社）などで、たいていはハマボウが単木として生育しているにすぎないが、長崎県沖の島では二〇本のハマボウが生育している。これらの社叢林は今では天然記念物に指定されている場合もあるが、その指定のいかんに関わらず、神域として保護されてきたといえよう。

藩政時代には藩によって、特別に有用な木を御止木《おとめぎ》あるいは御留木《おとめぎ》として伐採を禁じて保護してきた例がある。和歌山藩では刀の製作材料として使用するハマボウを御止木として保護してきたという。御坊《ごぼう》市日高川や印南《いなみ》町切目《きりめ》川のハマボウ群落はその対象となっていた。

天然記念物による保護

貴重な植物の生育地の保護には古くから天然記念物に指定することが行われてきた。天然記念物とは、文化財保護法によって指定された動物およびその生息地、植物およびその生育地、地質、鉱物のことである。

天然記念物ということばはドイツ語のNaturdenkmal（英語ではnatural monument）を、明治の後期に三好学が訳してつくったものである。当時は自然ということばが一般的ではなかったためで、今の時代に訳せば、特徴的自然物あるいは自然記念物となろう。三好はドイツやイギリスが天然記念物の保護活動が進んでいることを知り、明治から大正にかけて積極的にその必要性を説いた。その結果大正八年に「史蹟名勝天然記念物保存法」が発令され、それ以後、代表的な原始林や高山植物群落などが天然記念物に指定されるようになった。その後一九五〇年に「文化財保護法」と改められ、今日に至っている。

天然記念物は国だけではなく、都道府県や市・町・村まで条例によって定めることができ、国にはできないきめの細かい指定がなされるようになった。指定されるのは伝統的に巨樹・巨木などが多いが、貴重な野生生物の保護にはそれなりに貢献してきたといえる。

文化庁は長いあいだ、天然記念物に指定すべき自然物の総合的な調査を行ってこなかった。したがって、客観的な資料にもとづいて指定することができなかったわけである。しかし、一九六〇年代から天然記念物の調査を行い、都道府県別に「天然記念物緊急調査　植生図・主要動植物地図」(一九六九―一九七二)を発行した。これは旧環境庁に先立って全国の植生図をつくったことや、指定の価値のある動植物の生育地を明らかにしたことで注目されたが、資料作成だけに終わり、それをいかした行政は行われなかったといえる。

ハマユウもハマボウも貴重な植物で、その自生地は県や市・町の天然記念物に指定されているところも少なくない。しかし、指定された年代を見ると、これら二つの植物ははっきりした違いがある。以下の節で、それぞれの天然記念物について紹介しよう。

ハマユウとハマボウの天然記念物

国指定の天然記念物を見ると、スギやマツなどの巨木の指定が多い割に、貴重な群落の指定は高山植物群落や湿地植物群落を除くと少なく、かなり偏ったものとなっている。また、その貴重さもずいぶん差があり、それほどの価値があると思えないものまで指定されている場合がある。

沼田真も自身が編集した『日本の天然記念物』の中で「これまでの指定はいきあたりばったりであった」と述べている。海岸植物の中でもハマナスの生育地については、二か所で国指定の天然記念物があるが、ハマユウとハマボウの生育地が国の天然記念物に指定されている例はない。これは決してそれらの植物の生育地の中で、学術的に価値が高いものは一つもないというわけではなく、指定がきわめて主観的なためである。

ハマユウの県指定天然記念物は、巨樹・巨木を除いて比較的多く、六県もある。もっとも古く指定されたものは一九三六年（昭和十一）に三重県志摩町（現志摩市）和具《わぐ》大島のもので、「和具大島暖地性砂防植物群落」の名称で指定された。和具大島は本土から三キロメートル沖に浮かぶ東西約三五〇メートル、南北約二〇〇メートルの小島である。砂浜海岸が発達し、ハマユウが群生しているほか、ハマウド、ネコノシタ、ハマニガナ、キノクニシオギク、ハマアザミなどの海岸植物が群生しており、これらをまとめて指定されたものである。

次いで一九五二年（昭和二十七）に静岡県下田市田牛のものが、「田牛《とうじ》のハマオモト群落」として指定された。生育地は海岸傾斜地で、吹き上げられた砂が丘状に堆積し、ハマユウはクロマツ、イブキ、ウバメガシ、マサキなどの疎林の下に群生している。

翌年の一九五三年（昭和二十八）に神奈川県横須賀市天神島の群落がハマユウ群落なども含めて「天神島の塩生植物群落」の名称で指定されている。一九五六年（昭和三十一）には愛媛県北宇和郡宇和島町（現宇和島市）日振島《ひぶり》（沖の島）の群落が、同じ年に山口県大津郡日置町二位《にい》の浜のものが「二位の浜のハマオモト群落」として指定された。日本海に面した砂浜である。山口県では下関市から響灘沿岸を北上し、この地が北限である。一九六〇年（昭和三十五）福岡県遠賀郡芦屋町夏井が浜の群落が「夏井浜の浜木綿自生群落」として指定された（図66）。

市・町・村レベルの天然記念物は県指定に比べてかなり遅く、一九六六年（昭和四十一）に長崎県北松浦郡宇久《うく》町のもの、次いで、一九七二年（昭和四十七）に佐賀県唐津市が神集島《かしわじま》のものを、一九七四年（昭和四十九）に和歌山県新宮《しんぐう》市孔《く》島の群落が、「孔島鈴島植物群生」として、一九七八年（昭和五十三）に山口県豊北町（現下関市）角《つの》島の群落が指定された（図67）。

一方、ハマボウの県指定の天然記念物は神奈川県と愛知県にある。かつて和歌山県にあったが誤って伐採され、指定解除されたことがある。神奈川県のものは一九五三年に横須賀市天神島に「天神島の塩生植物群落」としてハマユウなどと共にハマボウ群落が指定された。ハマボウの名を使うとかえってなくなる恐れがあるということで、その名前を出さないで指定したとのことである。愛知県のものは一九五五年に渥美町堀切の群落が指定されている。水路沿いに一五株ほどが群生しており、株は大きく、幹は半ば匍匐《ほふく》しながら四方に伸びている。

図66　福岡県指定天然記念物「夏井浜の浜木綿自生群落」

図67　下関市指定天然記念物「角島夢崎のハマオモト群落」（牧田里美氏撮影）

市指定のものは静岡県下田市が早く、一九六九年に吉佐美《きさみ》川のものが指定され、次いで和歌山県御坊《ごぼう》市塩屋のものが一九八〇年に指定された。一九八六年愛知県岡崎市指定のものは、お寺の境内に植栽されたもので、戦前に地元の植物研究家が渥美半島から移植したものである。山口県萩市笠山のものは、一九九七年に指定され、五本が自生しているだけであるが、日本海側の北限としての価値がある。鹿児島県川内《せんだい》市久見崎《ぐみざき》のものは二〇〇〇年になって指定されたもので、日本最大級のハマボウの群落である。

町指定のものは香川県土庄《とのしょう》町、徳島県由岐《ゆき》町（現美波《みなみ》町）のものがある。指定の年代を見る限り、ハマボウ群落の価値は地方で認識され、保護対策がとられてきたといえる。これらの天然記念物の価値は、分布や群落の規模などからある程度客観的に判断できる。

三重県南伊勢町伊勢路川の河口デルタに発達したハマボウ群落は、最大規模のもので国指定の価値があるが、河川管理の問題もあり、県指定すらされていない。和歌山県御坊市の市指定の天然記念物のハマボウ群落は全国有数の規模の大きな群落で、県指定の価値は十分ある。そのほか、全国各地の生育地の中には、天然記念物として指定すべきものがいくつかあるが、その保全対策は全くとられていない。国指定の場合と同様に、市町村においても指定されるかどうかは、ほかの天然記念物も含めて、かなり主観的であるのは残念なことである。

以上紹介してきたように天然記念物は一般に同類の植物の場合、その指定年代は結果的に国→

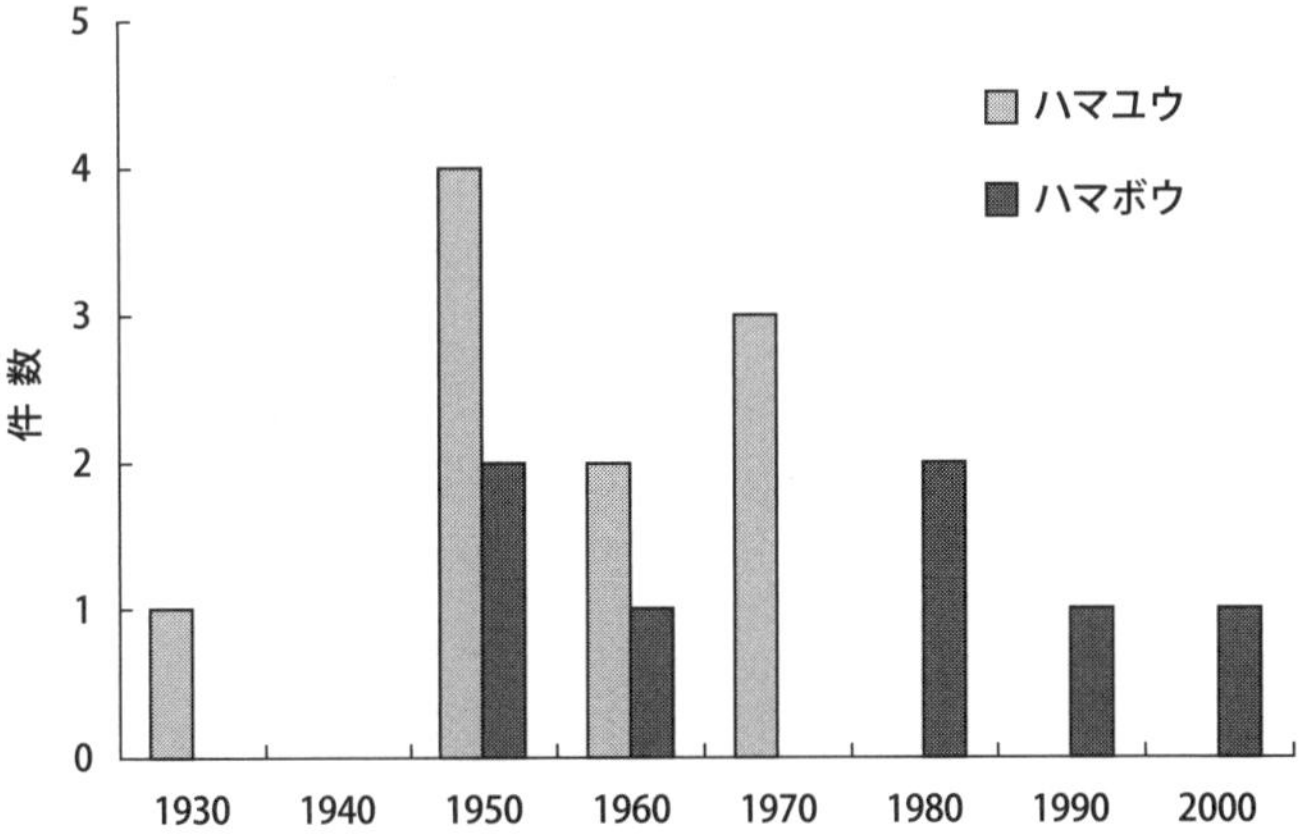

図68　年代別天然記念物指定件数

都道府県→市町村の順になる。ハマユウの県指定は一九五〇年代に多くが行われ、最後が一九六〇年代に終わっているが、市・町指定は一九六〇年代からで、多くが一九七〇年代に行われた（図68）。それに対してハマボウは、県指定が一九五〇年代に二件行われ、市および町指定は一九六九年の一件を除くと一九八〇年代以降に行われた。このように両種で指定年代が全く異なるのは、人々の関心が時代と共に変化したことを示している。

これまでの章で説明してきたように、ハマユウは古くから親しまれ、観光が盛んになるにつれて、そのシンボルとしてもてはやされたが、ハマボウは地元の自然に目が向くようになって、その生態の特異性が注目されるようになった。それが指定年代の違いを反映しているものと考えられる。

自然公園法による保護

一九五七年に制定された「自然公園法」によって二八の国立公園、五五の国定公園および三〇一の都道府県立自然公園が指定されている。その中で国立公園と国定公園については、公園の風致を維持するために特別保護地区および特別地区を指定している。特別保護地区は山頂部周辺などの一部であり、厳しい規制をしているので、高山植物の保護には有効である。特別地区においてもいろいろな規制があるが、許可制をとっており、その一つに公園ごとに指定植物を指定し、採取する場合には許可を要するようにしている。

指定植物の選定は最初一九五七年になされたが、高山植物に偏っており、とても全国の国立公園、国定公園にあてはまるものではなかった。その後、国立、国定公園ごとに選定され、一九八〇、八一年に告示がなされた。旧環境庁では自然保護についての啓蒙普及に役立つように、各地方ごとに指定植物の図鑑を刊行している。

ハマユウもハマボウもいくつかの国立公園、国定公園の指定植物とされている。しかし、ほとんどの人はこの指定植物の存在を知らないために、事実上効果はほとんどない。

15章　保全生物学と植生復元

高山植物のような人里離れた特殊な場所に生育している植物では、天然記念物に指定するだけで自然状態が保存・維持できるが、ヒトが経済活動をする地域では、その場所だけを保護しても周辺の環境変化の影響を受けたりして十分とはいえない。地域の人々がその価値を十分理解し、地元の人たちの力で保全対策がとられることが必要である。

保護と保全とはよく似たことばであり、かつては保護が、最近は保全ということばが頻繁に使われるようになった。保護ということばには幅広い意味があり、その方法として、そのままの状態で保つことを保存といい、それに対して保全は利用しつつ保護する方法をいう。

原始林を除いて、現存する自然の多くは何らかの人為的な影響を受けながら維持されてきた。その作用が最近になって変化してきたために、種が絶滅することも知られてきた。そのために、適切な維持管理によって自然を守る保全ということばが使われるようになったわけである。

最近になって生物多様性の保全に取り組む学問である保全生物学が誕生した。それは生物多様性の減少に対してヒトがどのように影響を与えているのかや、多様性を保全する方策を考える総合的な科学である。また、破壊された場所をもとの植生に復元する試みも各地で行われ、その方法も研究されてきた。

最後の章では保全生物学と植生復元について紹介し、ハマユウとハマボウの維持管理の現状と問題点を考えてみたい。

地域の保全活動

貴重な生物種の生育・生息地を国や自治体が法的に保護することは必要であるが、指定しっぱなしで、場所によっては立看板もなく、地元の人々にもあまり知られず、絶滅してしまった例もある。地域にとって特徴的で、貴重な生物種は、その地域の財産であり、指定の有無に関わらず、もしその個体数が減少しているとすれば、地域の住民が協力して保全対策に取り組むことが必要である。

ハマユウは他の植物に比べて早くから住民が保全活動に乗り出した。その最大の理由は花が美しく、名の知られた植物であり、海辺の観光地にふさわしい植物と見なされたからであろう。『静岡県史跡名勝天然記念物調査報告（一九三七）』には「幸いに下田村、朝日村、浜崎村の先覚者間には近年之を保存せんとする事、漸く盛んとなり……（中略）……南伊豆ハマオモト保存会を設け、同志を募り利害を超越したる其の努力者には感謝せずんばあるべからず」とある。このように古くから各地で保護されてきた。

一方、ハマボウの保全のための地域活動は最近になって各地で見られるようになった。静岡県下田市吉佐美《きさみ》川のハマボウ群落はすでに一九六九年に市の天然記念物に指定された。最近では市民にもっと親しんでもらおうと、一九九五年から三年間をかけて、川の右岸沿いに四二〇メートル、左岸に三一〇メートルのボードウォークを整備し、その途中五か所に休憩デッキを設けた。さらに二〇〇〇年にははまぼうロードとしてボードウォークを通って一周できるように吊り橋を建設し、その橋も「はまぼうブリッジ」と名づけ、花期には多くの人々が訪れるようになっている。

磐田《いわた》郡福田町（現磐田市）彷僧《ぼうそう》川下流にも大きな群落があることが最近になって知られるようになったが、地元では町をあげてハマボウの保全に取り組んでいる（11章参照）。

三重県での保全活動は植物研究者ではなく、ハマボウ愛好者といえる人々によって行われてきた。志摩半島は海岸線が複雑で、多くの小さな湾や入江が発達しているので、ハマボウの群落生育地が多かったが、リゾート開発や護岸工事によってしだいに減少していった。そこで何とかそれを保護したいと思ったのは、高校の教師を退職後、北海道からこの志摩市磯部町に移住した故玉置誠朋氏であった。彼はある日、船で的矢《まとや》湾に出かけたところ、海上から入江の岸辺のあちこちに咲いているハマボウの花を見て、その魅力にとりつかれてしまった。彼は的矢湾岸のハマボウの生育地点と個体を詳細に調べると共に、何とか保護したいと考えた。それにはこのハマボウの魅力を少しでも多くの人に知ってもらおうと思い、複雑な海岸線をした的矢湾では、ハマボウの花を見るのは船に乗って海上から見てもらうのが一番であると考えた。彼の熱心な働きかけで、磯部町では町立図書館・郷土資料館の主催で、一九九三年から一九九九年のあいだ、毎年七月に定員五〇名を募集して遊覧船でハマボウ観賞会を開くことができ、町民にその価値を知らせることができた。

ハマボウの最大規模の群落である度会《わたらい》郡南伊勢町伊勢路川の群落は文化庁の「天然記念物緊急調査　植生図・主要動植物地図　三重県」にも載っているように、その存在はよく知られ、以前から天然記念物に指定するなど何らかの法的な保護が望まれてきた。

河川管理の上からは中洲に発達したハマボウ群落は邪魔な存在であり、伐採してしまいたいという行政側の考えも根強くあったようだ。八〇年代になってから、群生地のまん中に工事用の道路がつくられ、分断されてしまった（図69）。町としても天然記念物に指定しようと考えたころには、県有地となってしまい、保全対策は未だに不十分な状態である。しかし、最近になって地元の自然愛好会が熱心に保全活動をしている（11章参照）。

図69　工事用の道路のために分断された三重県南伊勢町伊勢路川のハマボウ群落

　和歌山県には御坊《ごぼう》市や那智勝浦町などに本州で最大級の生育地があるなど、古くからハマボウの分布は知られていた。印南《いなみ》町切目《きりめ》の群落は戦前から知られ、一九四〇年の報告でも三〇〇本余りの大株が群生していたとのことで、県の天然記念物に指定され

図70　マンホールの蓋に描かれたハマボウ（和歌山県御坊市）。中央にハマボウ、下にコギク、上にクロガネモチがデザインされている（木下慶二氏撮影）

たが、一九六六年に開発業者によって誤って皆伐されてしまったことがあった。天然記念物に指定するだけでなく、それを広く市民に知らせ、その重要性を啓蒙しなければ、保全はできないし、指定の意味がなくなってしまう。この事件は開発業者の責任ばかりでなく、県の文化財担当部局の責任も大きいといわざるを得ない。

そのほかの小さな群落も河川改修などによってしだいに減少していったために、保護活動もかなり以前から行われている。もっとも保全対策が進んでいるのは御坊市で、ハマボウが市の天然記念物に指定されているほか、市の花の木に選定されたり、マンホールのデザインに使用されているなど（図70）、市民のあいだにもよく知られている。これは地元の植物研究家故木下慶二氏の努力にもよるところが大きい。

那智勝浦町の群生地についても、熱心な保護活動家がいる。一九八九年には熊野自然保護連絡協議会が主催して、和歌山県、三重県の研究者、自然保護活動家など約三〇名が集まって「ハマボウサミット」と呼ばれる報告会が那智勝浦町で開かれた。自然保護活動についても、情報交換など横のつながりが重要であろう。

群落の維持管理

自然群落は、本来人の手を加える必要のない、それどころか全く人の手が入らない方がよいと考えられる群落である。合衆国カリフォルニア州ではたびたび落雷などによって山火事がおき、植生が消失してしまう。かつては火事がおきる度に消火活動をしていたが、実は山火事という自然現象の下に進化してきた植物があり、それによって群落が維持されていることがわかってきた。そのような植物や群落は山火事がおきないと、消滅してしまうことになる。そこで、今では自然におきた山火事は消火しないことになっている。しかし、少なくとも日本では極相林を除くと、多くの自然植生を維持していると考えられる環境要因が人為のためにかつての状態とは変わってしまっている。一番わかりやすい例は川原の植生である。

川原の植生は不定期に起きる洪水による破壊によって遷移が妨げられる一方、それによって上流から運ばれてきた土砂が堆積し、常に新しい生育立地がつくり出され、自然の力によってそこに群落が維持されている。しかし、護岸工事やダムの建設によって川原の状況は変わってしまい、新しい生育立地ができにくくなってしまった。もしも、そのまま川原の群落を放置しておくと、立地が安定化し、帰化植物など多くの植物が侵入し、川原の群落は消失してしまうことになる。

ハマボウ群落も定期的におきる河川の増水やまれに起こる洪水、それにともなう土砂の堆積や侵食、海からの高潮などの影響を反映して維持・成立しているものと思われる。したがって、もしそれらの影響が人の自然改変によって起こりにくくなっているとしたら、何らかの手を加えて群落の維持・管理をはかる必要がある。

維持・管理の問題点

貴重な植物種の個体群を維持するために、地元の人が熱心に保護活動をする例は、各地で見られるようになったが、その多くは特定の植物種を保護しながら、生物多様性を維持する点、すなわち保全生物学的な考えからは誤った方法であった。例えば、ハマユウ群落を維持するために、一緒に生育していたほかのすべての植物を除去してきたことである。

ハマユウ群落は砂礫《されき》浜のやや安定した立地に生育し、ほかの多くの草本《そうほん》類やつる植物と共に生育している。ハマユウが優占した群落はよく見られるが、自然の状態ではハマユウ一種だけが純群落を形成しているところは全くない。しかし、保全活動が熱心に行われている所を訪問すると、ハマユウ以外の種がきれいに除草されて、ほとんどハマユウの純群落となっているのを見かける。クズなどが繁茂しすぎてハマユウの生育が脅かされている場合は、それを刈り取ることは必要かも知れないが、一緒に生育している植物をすべて抜き取ってしまっては、もはや自然のハマユウ群落とはいえない。ハマユウ群落は人工的に造られた花壇ではなく、ほかの植物は雑草とは違い、重要なハマユウ群落の構成種なのである。

ハマボウのように一種だけが優占し、ほかの植物がほとんど見られない、いわゆる純群落であるならば、それ以外の植物を取り除くことによって維持することができるであろう。しかし、やや小さな群落ではほかの低木やつる植物が生育しているのがふつうで、それをすべて除去してしまうと不自然な群落となってしまう。

越前海岸と房総半島以西の海岸部にはしばしばスイセンの野生群落が見られる。スイセンは純粋な日本の在来種とは考えられないが、古くから野生状態となっていた。しかし、近年は各地で海岸の植生を取り除き、スイセンの球根を植え付け、観光用に広大なスイセン群落がつくられている。その維持・管理が徹底しているため、ほとんどスイセンだけの純群落となっており、できあがったものはもはや花壇と変わりない。残念ながら本来の半自然群落は見られなくなっている。観光地としてスイセン畑をつくることは結構だが、もともとそこにあったスイセンの半自然群落はそれとは区別して保全すべきである。このような例は、ほかの植物の天然記念物指定地でも見かける。

ミヤマキリシマ群落は九州の火山に固有の群落であり、長崎県雲仙岳では池の原の群落が国の天然記念物に指定されている。しかし、毎年秋になるとミヤマキリシマ以外の植物が刈り取られ、その群落は見かけは庭園のようにきれいになってしまっている。確かに花期には、あたり一面に花が咲き、そこを訪れる人々の目を楽しませてくれるが、もはや自然群落とはいい難く、生態学的な価値は低い。

このように保護すべき植物一種をだけを除いて、すべて取り除いてしまうやり方は、行きすぎで、その群落の生態学的な価値を維持するためには、刈り取りなどは適度にされなければならない。

保全生物学

生物種の絶滅を防ぐには生物多様性の概念が必要であることを13章で述べたが、二〇年ほど前から「保全生物学」という生物多様性の保全を科学的に研究する新しい学問が誕生した。これまでの生態学や生理学、遺伝学、分類学などの基礎生物学の考えばかりでなく、農学や林学、水産学などの応用生物学の考えを統合した科学である。

生物学ということばがついているが、広義には保全のための法律や制度の整備を考える社会学の分野も含んだ総合的な学問を意味する。人類がこのまま自然破壊を続け、野生生物種を絶滅させると、やがて人類の存続すら危うくなると考えられ、それを防ぐための方策を科学的に考える学問といえる。

保全生物学は、生物多様性の意味、生物多様性の価値を知ることから始まる。生物多様性の意味は、遺伝的多様性、種多様性、生態系多様性のように、それぞれのレベルの多様性があり、各レベルで保全を考える必要がある。

生物多様性の価値は、わかりやすくいえば、なぜ野生生物種が必要かということになる。生物種はわれわれ人間をはじめすべての動物にとって、食料として欠くことができない。イネもムギもあらゆる作物が野生の植物から改良したものである。これからも野生の植物から新しい作物がつくりだされる可能性がある。作物の中には受粉のために昆虫や鳥などのポリネーター（花粉を運ぶ動物）を必要とするものがある。これらの動物がいないと、果実や種子ができなくなる。

漁業の大部分は、野生の魚介類を捕獲することによって成立しており、重要な食料となっている。また、医薬品の原料の多くは、生物種が利用されており、今でも新しい医薬品が熱帯林の生物からつくり出されている。このような野生生物種の直接的な価値ばかりでなく、自然界の分解者として下等な生物も重要な役割をしているし、森林は土壌侵食を防ぐばかりでなく、水資源、酸素資源として、また気候緩和機能として役立っており、野生生物種を中心とした自然は、人類にとってなくてはならないものである。

保全生物学は、生物多様性保全のための新しい概念や技術を生み出している。その概念の一部は前節までにふれてきた。野生生物の生息・生育地の中で、どこを保護区とすればよいか、どこの個体群が重要なのかを決定したり、ある種の個体群が存続するためには最低どれくらいの個体数が必要なのかをシミュレーションによって予測することなども行われている。

保全が必要な種が集中して分布している地域をホットスポット(hot spot)と呼んでおり、優先的に保全されなければならない。これは絶滅危惧種が多い所や固有種が多い所が対象となる。複数の種からなる動物群集の中で、重要な種をキーストン種と呼ぶ。キーストン種が絶滅すると、ほかの種の絶滅を導くことになるので、まずキーストン種の保全を検討する必要がある。

また、ある野生生物種が存続していくには最少どれくらいの個体数が必要なのか？　一〇〇個体しか現存していないとすれば、絶滅するまでにはあと何年くらいか？　一〇年後の絶滅の確率はどれくらいなのか？　などといった疑問に答える方法として、個体群存続可能性分析（population variability analysis）が考えられている。このような原理ばかりでなく、保全やさらに自然復元のための実践も一部では行われている。

緑化と植生復元

平野の少ない日本では新しい道路をつくるには、丘陵地を切り開いてつくらなければならない。

その際、道路の両縁には裸地化した斜面、すなわちのり面ができる。そのまま放置すると豪雨時には斜面崩壊を起こすおそれがあるし、景観上もよくない。したがって、のり面の緑化が必要となる。昭和三十年代ごろから、ウイーピングラブグラス（和名　シナダレススメガヤ）やレッドフェスク（和名　オオウシノケグサ）をはじめ、外来のイネ科植物が使われるようになった。これらの外来種は道路ののり面ばかりでなく、河川堤防やそのほかの造成地にも多用されるようになった。

しかし、在来種に置き換わるのに年数がかかったり、その前に枯れ始めるなど、いろいろな問題点がでてきた。またほかの場所へ逸出《いっしゅつ》し、在来種の生育に悪影響を与えることも知られるようになった。そのため、のり面の緑化もヨモギ、イタドリ、コマツナギ、ハギ類など、日本に産する植物が使われるようになったのだが、ここにさらに問題点が生じてきた。

それは日本のものと同じ種であるが、中国産あるいは韓国産の種子が輸入され、それが使われるようになったことである。それらの植物が、逸出野生化すると日本のものと遺伝的な交雑を起こすことになる。のり面の緑化に限らず、一般的な植生復元の場合を考えてみよう。

石川県白山の自然植生はブナ林であり、伐採されて消失した自然林を復元しようと、東北地方から取り寄せたブナの苗木が使われてしまった。例え日本産の植物であっても、広く分布する一つの種内には、地域個体群と呼ばれるそれぞれの地域に固有の遺伝的特徴をもった個体群が見られる。したがって、この復元はこの遺伝的な地域性を無視したことになる。つまり、植生復元にはその地域に生育している植物、郷土種（郷土個体とも呼ばれる）を使わなくてはならない。しかし、復元しようとする場所からどの程度離れたら郷土種といえないのかは、種によって異なるであろうし、ほとんどの場合知られていないのが現状である。それならば地元の植物を用いれば、植生復元は完全かというと、そうともいえない例が指摘されるようになった。

モウセンゴケ科のナガバノイシモチソウは貧栄養な湿地にまれに生育する食虫植物で、絶滅危惧ⅠA類に指定されている。愛知県豊明市では減少していく個体を、組織培養で増殖させた。しかし、それは同じ遺伝子をもつ、いわゆるクローン植物ばかりを増やすことになってしまい、個体群に見られた遺伝的多様性を失うことになってしまった。組織培養に限らず、一つの個体を元に、挿し木などによって一度に多くの苗をつくる場合も同じことがいえる。

遺伝的多様性まで考慮して緑化する植物の個体を選別していたのでは、時間的に限られた、しかも面積の広い土地での植生復元は不可能となる。植える苗木をどの程度厳密に選別するかは、復元しようとする植生や場所によって異なるのは当然である。ナガバノイシモチソウのような自然度のもっとも高い場所での、特殊な群落の復元には遺伝子構成までも考える必要がある。しかし、大規模な開発によって失った緑を復元しようとする場合には、さまざまな樹種を一度に植える必要がある。

したがって、樹種を考慮して植えるのがやっとであろう。さらに森林公園や植物園などのように人為的に管理された土地では、在来種に限る必要はない。このように導入する植物は、植生復元の目的によっていろいろな段階で考慮すべきであろう。

ハマユウとハマボウの植生復元

誤った植生復元はハマユウやハマボウでも行われてきた。ハマユウの種子は大きく、繁殖力が強いので、ほぼ一〇〇パーセント発芽し、定着するため、苗を増やすことは容易である。人工的に苗をつくり、砂浜に植えて新しくハマユウ群生地をつくることが各地で行われてきた。愛知県渥美半島の先端、伊良湖《いらご》岬はかつてはハマユウが自生していたが、一九五〇年代には盗掘によって絶滅してしまった。地元の有志で何とかそれを復活させたいと苗をつくり、それを砂浜に植え、数年後にはハマユウの群落ができあがった。しかし、植えた場所ははたして本来ハマユウが生育していた場所かどうか明らかではない。

ハマボウの生育地は塩湿地やその周辺に限られるが、栽培はきわめて容易で、どんな土壌にもよく育つ。種子の発芽率もよく、挿し木や取り木もでき、繁殖は簡単である。そのため、ハマボウの苗木を多くつくり、各地に植栽することが行われるようになった。

福岡県の海岸に地元の自然保護団体が、本州から取り寄せたハマボウの苗二五〇本を植えたことがあった。植えた場所が悪かったせいか、定着はしなかったようであるが、遠く離れた地域からの移植は、遺伝子的に問題がある。6章で述べたようにハマボウも地域個体群があり、他地域から持ち込んだ苗木を植えることは、遺伝的多様性を無視したことになる。近頃各地で盛んに行われている人工繁殖によって同じ遺伝子の個体ばかりを殖す「ホタルの里づくり」と同じことである。

静岡県南伊豆町青野川には一〇〇〇本近いハマボウからなる大群落があったが、一九七六年の集中豪雨で川が氾濫し、地元に大きな被害をおよぼした際にハマボウ群落も大きなダメージを受けた。さらに東海地震の津波対策もあって、川幅を広げ、川床を掘削する工事が行われることになり、ハマボウ群落が消滅することになってしまった。地元からは何とか残してほしいという声があがり、堤防の位置をずらすとか、移植などいろいろな方法が検討された。結果は一部を残し、一部は上流の河川敷に移植することになった。個体数としては半減したが、絶滅は免れ、移植してつくられた群落もかなり自然に近い状態であった。

同じく静岡県磐田《いわた》市の仿僧《ぼうそう》川では、防潮ひ門建設のために伐採されることになった四三本が、近くの河川高水敷に移植され、「はまぼう公園」として整備された。移植されてできたのはその立地から考えて植生復元とはいい難いが、個体群のもつ遺伝子は残されたといえよう。同じようなことは大分県杵築《きつき》市八坂川でも行われた。ここでは蛇行河川の整備工事で、川岸に生育していたハマボウの大きな株のほとんどが、下流の川岸近くに移植された。またそのときに剪定された枝の挿し木から苗がつくられ、埋め立て地に地元小学生によって植樹された。

街路樹や公園に植える場合は別にして、河川や海岸など自然の立地に植えるのは、前節で述べたように、生態学的な配慮が必要である。ある県の自然環境を取り戻すのに熱心な団体は、ボランティアにも呼びかけて、海岸にハマボウを植林したり、別の団体は川の堤や河口付近にハマボウを植樹している。これらは地元の木からつくりだした苗木かも知れないが、何百本もの苗をどのようにしてつくったのか、また植えた場所はハマボウが自然に生育していた立地かどうか疑問である。地域の自然環境を取り戻そうと、よいと思って行った行為がかえって自然を乱すことになる場合もある。

ハマボウ群落の消失原因のほとんどは河川や海岸の改変工事によるものであり、最近になって上に述べたような移植が行われる例が出てきた。しかし、移植先はその近くに新たにつくられた堤防の外側の裸地であり、多くの場合植生復元には至っていない。もとの群落をつくり出す植生復元は、工事によってその立地が消失してしまうためにほとんど不可能である。消失するハマボウの株をすべて移植したとしても生態系を考えた場合には復元したとはいえない。新しくつくられる移植先は、なるべく自然の立地に近い状態に設計をすべきであり、生態系の復元をめざすのが望ましい。

徳島県由岐《ゆき》町（現美波《みなみ》町）には田井川下流に徳島県最大のハマボウ群落があるが、町では河川整備をするにあたって、ハマボウ群落をどのように残すのか一般に意見を求めて、その方法が検討された。そこには専門の生態学者の意見も取り入れる必要がある。三重県南伊勢町伊勢路川のハマボウ群落のように、群落の一部が工事などによって消失した場合、そこを植生復元するには、まず不要な建造物や土砂を取り除き、もとの立地を確保することである。埋土種子によって植生が復元できるような湿地植生などでは、新たに種子を播いたり、苗を植えることは必要ないが、ハマボウ群落の場合には植樹しない限り、植生はなかなか復元しない。周りの残されたなるべく多くの個体から得た種子による苗づくりか、挿し木による苗づくりをあらかじめしておき、かなり大きくなった個体を植樹するのが、早く、確実な植生復元の方法である。

保全や自然復元のための実践は、研究者と行政と一般市民の三者が協力してはじめて可能となり、生物多様性維持のための行動を強力に押し進めることができるであろう。

おわりに

理科離れの原因の一つに、子供のころからの自然離れがあげられているが、自然離れはそれだけに終わらず、情緒や生命観といった人間形成にまで影響を与え、最終的には自然破壊やさまざまな社会問題を招いているに違いない。日本人はかつては自然と共に生き、四季豊かな自然を愛する心から、日本の文化を育んできた。とりわけ沿岸を黒潮が流れる関東南部以西の海岸地帯には、日本人の多くが住み、黒潮のもたらす恵みを直接、間接的に受け、生活を維持してきた。しかし、経済の高度成長に伴い、多くの自然を失い、海岸には防波堤を築き、海とヒトとの関係をコンクリートの壁で遮断してしまった。かつての白砂青松の海浜も消え、そのことばさえ死語になりつつある。

黒潮によって日本まで分布を拡げた植物たちも、その生育地を奪われ、絶滅に追いやられている。いつまでも経済の高度成長に憧れ、それを求め続けるのではなく、日本人の原点いや、ヒトの原点に立ち帰り、自然との共生のあり方を考え、心を取り戻す必要があるだろう。親や教師など子供と接する立場の人は、その第一歩として身近な植物に注目し、その形態や生態に隠された秘密を知り、さらにその植物とヒトとの関わりの歴史を知ることによって、子供たちに自然の楽しさや大切さを伝えることができるようになるに違いない。

本書は、黒潮によって運ばれてきた植物、とりわけハマユウとハマボウを例に、分布や生態、分類などについてばかりでなく、その記載の歴史や名前の語源、民俗など、ハマユウとハマボウに関わる古くからの謎について解明し、さらに野生生物種の絶滅の問題や、生物多様性、保全生物学といった最近の生物に関わる話題について紹介したものである。いわば、植物とヒトとの関わりを、現在・過去・未来について解説したものであり、また、植物分類地理学や生態学のような基礎植物学から、民族植物学・保全生物学のような応用植物学までを、黒潮によって運ばれた植物を題材に扱ったものである。

ハマユウもハマボウも黒潮によって南方から分布を拡げた植物であり、日本の夏の海岸にふさわしい美しい花を咲かせる植物である。本書が、これらの植物に秘められた熱帯起源の足跡に思いを巡らしたり、昔の人がこれらの花を見て、何を思い、何を感じたのか、じっくりと考えるきっかけとなれば幸いである。

本書をまとめるにあたり、これまで多くの人々にご協力いただいた。ハマボウやハマユウの研究でいくつかの貴重な資料をいただいた和歌山県の故木下慶二氏、山本修平氏、愛知県の中西正氏、三重県の山本和彦氏、福岡県の故小林新氏、鹿児島県の大工園認氏、ハマユウやハマボウに関する古い文献をたくさん探していただき、助言をいただいた三重県の中野恵子氏、古典の解釈にご指導いただいた長崎大学教授勝俣隆氏、兵庫県淳心学院中・高校の中西知樹氏、ハマユウの分類についてご指導いただいた富山大学名誉教授鳴橋直弘氏、本書に写真を提供いただいた千葉県の小滝一夫氏、三重県の半田俊彦氏、大分県の荒金正憲氏、鹿児島県の牧田里美氏に厚くお礼を申し上げます。

また本書の出版にあたりいろいろとお世話になった八坂書房の中居惠子氏と畠山泰英氏にも感謝いたします。最後に私の研究生活を支えてくれた妻こずえにもありがとうと言っておきたい。

14章

- 愛知県　1934.　伊良湖岬.　愛知県史蹟名勝天然記念物調査報告書第十二．pp.321-327.
- 福岡誠行　1996. ひょうごの野生植物　絶滅が心配されている植物たち．222pp.,神戸新聞総合出版センター，神戸.
- 半田俊彦　2006.　天然記念物ハマオモト（浜木綿）が危ない！志摩半島「和具大島」における外来植物アツバキミガヨランの侵入．SOS(176) : 6-7.
- 環境庁編　2000.　改訂・日本の絶滅のおそれのある野生生物．植物．(維管束植物)．600pp., 自然環境研究センター，東京.
- 纐纈理一郎・鍋島輿市　1934.　福岡県北海岸に分布するハマオモト．福岡県史跡名勝天然記念物調査報告第九輯．pp.13-17.
- 牧川鷹之祐　1961.　夏井浜の浜木綿自生群落．福岡県文化財調査報告23 : 24-25.
- 乙部静夫編　1936.　東三河の天然記念物．三河共同叢書刊行会，豊橋.
- 杉本順一　1937.　伊豆南部に於けるハマオモトの自生群落地調査．静岡県史蹟名勝天然記念物調査報告12集．pp.98-107.

15章

- 荒金正憲　2003.　豊の国大分の植物誌．461pp.,　大分.
- 上赤博文　2001.　ちょっと待てケナフ！これでいいのビオトープ？183pp.,地人書館，東京.
- 沼田　真編　1984. 日本の天然記念物３，植物I．162pp.,　講談社，東京.
- 奥富　清　1977.　保全地域などにおける植生管理計画の策定手順についての一試案.　自然環境保全の観点からみた環境管理手法および土地利用計画策定に関する基礎研究51年度報告．pp.129-136. 環境庁.
- 山本修平・農本章子　1990.　和歌山県のおけるハマボウの分布.　南紀生物32 : 27-30.
- 渡邊幹男・巴　貴子・神谷奈津子・二橋由美・櫛田敏宏．浅井恒典・芹沢俊介　2002.　人為的に遺伝的不動を起こしてしまった集団の復元－豊明市に生育する絶滅危惧植物ナガバノイシモチソウの遺伝的多様性－.　植生学会第７回大会講演要旨集 p33. つくば.

12章

・ 深津　正　1973.　ハマボウの語源－植物和名語源新解(25)．植物採集ニュース(67) : 78.
・ 深津　正・小林義雄　1985.　木の名の由来．152pp.　太平社，東京.
・ 久米康生　1995.　和紙文化事典．ゆがみ堂書店，東京.
・ 寿岳文章　1973.　和紙の旅　時と場所の道．芸艸堂，東京.
・ 牧野富太郎　1953.　随筆植物一日一題．東洋書館，東京.
・ 中西弘樹　2002.　ハマボウ（アオイ科）の記載の歴史およびその語源について．長崎大学教育学部紀要　自然科学(67) : 19-26.
・ 日本国語大辞典刊行会編　1976.　日本国語大辞典．小学館，東京.
・ 奥谷守松・榊原忠蔵　1961.　原色おもと図鑑．誠文堂新光社，東京.
・ 山口隆男　1997.　シーボルトと日本の植物学.　*Calanus* (Bulletin of the Aitsu marine Biological Station, Kumamoto University), Special Number 1 : 239-410.

13章

・ 環境庁編　1996.　多様な生物との共生をめざして－生物多様性国家戦略―.　大蔵省印刷局，東京.
・ 環境庁編　2000.　改訂・日本の絶滅のおそれのある野生生物.　植物・（維管束植物)．660pp.,　自然環境研究センター，東京.
・ 環境省自然保護局　1980-1998.　自然環境保全基礎調査.　環境省自然保護局，東京.
・ 環境省自然環境局　2002.　いのちは創れない.　新・生物多様性国家戦略.　23pp.　環境省自然環境局，東京.
・ 環境處　1994.　特定野生動・植物書報輯．210pp.　環境處，ソウル.
・ 宮田　彬　1983.　蛾類生態便覧（下巻)．1451pp.,　昭和堂印刷出版，諫早.
・ 村瀬ますみ　2000.　ハマボウとカラスノゴマから採集した蛾の幼虫.　蛾類通信　207 : 133-135.
・ Myers, N.（林　雄次郎訳）1981.　沈みゆく箱舟－種の絶滅についての新しい考察.　岩波書店，東京.
・ 中西弘樹　2001.　長崎県の滅びゆくハマボウ群落の記録.　長崎県生物学会誌，53 : 17-18.
・ Noss, R. E.　1990. Indicators for monitoring biodiversity: A hierarchical approach.　*Conservation Biology* 4 : 335-364.
・ 鷲谷いづみ・矢原徹一　1996.　保全生態学入門．270pp. 文一総合出版，東京.

・ 大場秀章　1997.　ツュンベリーと江戸時代の植物学.　日経サイエンス1997年2月号104-111.
・ 大場秀章　2001.　花の男シーボルト．198pp.　文藝春秋，東京.
・ 大森　実　1982.　シーボルト研究の現状と新資料について.　シーボルト研究，創刊号，pp.1-31.
・ 大井次三郎　1965.　改訂新版日本植物誌.　顕花篇．1560pp.，　至文堂，東京.
・ Siebold, P. F. & Zuccarini, J. G. 1830-50. *Flora Japonica.*（講談社，1976復刻）.
・ シーボルト，瀬倉正克訳，大場秀章監修・解説　1966.　シーボルト日本の植物．296pp.，八坂書房，東京.
・ 山田重人　1992.　シーボルトと長崎の植物.　鳴滝紀要1：44-54.
・ 山口隆男　1997.　シーボルトと日本の植物学.　*Calanus* (Bulletin of the Aitsu marine Biological Station, Kumamoto University), Special Number 1 : 239-410.
・ 山口隆男・加藤僖重　1998.　「フローラ・ヤポニカ」において紹介された植物の標本類.　*Calanus* (Bulletin of the Aitsu marine Biological Station, Kumamoto University), Special Number 2 : 21-435.

11章

・ 本誌編集部　1956.　離れ島のハマユウを保護．民間伝承20(4) : 189.
・ 菊田一夫　1953.　君の名は．宝文館，東京.
・ 倉田正邦　1961.　伊勢・志摩の民話．未来社，東京.
・ 松田　修　1964.　郷土の花．牧書店，東京.
・ みえ東紀州の民話編集委員会　1999.　みえ東紀州の民話．三重県，津.
・ 内藤　喬　1964.　鹿児島県民俗植物記．鹿児島県民俗植物記刊行会，鹿児島.
・ 佐賀テレビ 1994.　太古のロマンー徐福伝説.　佐賀市，佐賀.
・ 斉藤政美　1994.　県花ハマユウ制定のいきさつについて．みやざきの自然10 : 64-67.
・ 寿岳文章　1967.　日本の紙. 吉川弘文館，東京.
・ 渡嘉敷裕　1962.　氷枕の代用に使うオオハマオモト. 植物採集ニュース2：7.
・ 土屋文明　1935.　浜木綿．短歌研究4(3).
・ 矢野憲一　1992.　伊勢神宮の衣食住．東京書籍，東京.

9章
・ 橋本達雄　2000.　柿本人麻呂《全》. 笠間書院, 東京.
・ 神野志隆光・坂本信幸企画・編集　1999.　万葉の歌人と作品　第二巻　柿本人麿（一）. 和泉書院, 大阪.
・ 小清水卓二　1953.　浜木綿の百重なす考. 万葉七号.
・ 久曽神　昇　1959.　日本歌学大系. 別巻一.　風間書房, 東京.
・ 久曽神　昇　1958.　日本歌学大系. 別巻二.　風間書房, 東京.
・ 牧野富太郎　1953.　随筆植物一日一題. 東京.
・ 松田　修　1970.　増訂万葉植物新考　社会思想社, 東京.
・ 村松和夫　1989.　九　浜木綿考. 土屋文明紀行続編. pp.115-120. 六法出版社, 東京.
・ 中西進編　1989.　柿本人麿　人と作品. 桜楓社, 東京.
・ 尾崎楊殃　1982.　浜木綿歌小見. 古代文学21 : 44-56.
・ 澤瀉久孝　1959.　万葉集注釈巻第四　普及版　中央公論社, 東京.
・ 土屋文明　1983.　万葉紀行. 筑摩書房, 東京.

10章
・ 本田正次　1976.　ハマボウ.　シーボルト「フロラヤポニカ」解説（北村四郎編）p.39., 講談社, 東京.
・ 石山禎一・金箱裕美子　2000.　シーボルト再来時の『日本植物観とライデン気候馴化園』.　鳴滝紀要10 : 25-97.
・ 木村陽二郎　1981.　シーボルトと日本の植物. 235pp. 恒和出版, 東京.
・ 北村四郎　1976.　オランダ園芸振興会社に栽培された日本および中国植物目録.　シーボルト「フロラヤポニカ」解説（北村四郎編）, pp.53-74.　講談社, 東京.
・ 北村四郎・村田　源　1971.　原色日本植物図鑑, 木本編１. 400pp., 保育社, 大阪.
・ 牧野富太郎　1955.　牧野日本植物図鑑. 1465pp. 北隆館, 東京.
・ 宮坂正英　1991.　シーボルトの日記「漁村小瀬戸への調査の旅（草稿）」について.　鳴滝紀要１ : 143-201.
・ 中西弘樹　1979.　ハマボウ群落の分布と生態.　植物分類地理30 : 169-179.
・ 中西弘樹　2001.　シーボルトが採集したハマボウの標本と記載について. 長崎県生物学会誌(53) : 1-5.
・ 中西弘樹　2002.　ハマボウ（アオイ科）の記載の歴史およびその語源について. 長崎大学教育学部紀要　自然科学(67) : 19-26.

8章

・ 青木宏一郎　1999.　江戸のガーデイニング．118pp.，平凡社，東京.
・ 飯沼慾斎　1856-.　草木図説.（北村四郎編註，保育社　1977 草木図説木部上下）.
・ 伊藤伊兵衛　1733.　地錦抄附録（八坂書房，1983 復刻，生活の古典双書）.
・ 伊藤三之丞　1695.　花壇地錦抄（平凡社，1976 復刻，東洋文庫288）.
・ 岩崎灌園　1828.　本草図譜（春陽堂書店，1979 復刻）.
・ 木村陽二郎　1974.　日本自然誌の成立．386pp.，中央公論社，東京.
・ 木村陽二郎　1983.　ナチュラリストの系譜－近代生物学の成立史．240pp.　中央公論社，東京.
・ 木村陽二郎　1988.　江戸期のナチュラリスト．249pp. 朝日新聞社，東京.
・ 松崎留男　1990.　島原半島植物談義．大日本図書，東京.
・ 水谷豊文　1809.　物品識名.（名古屋市教育委員会　1982 復刻，名古屋叢書三編第19巻）.
・ 水野忠暁編．1928.　草木錦葉集.
・ 名古屋大学付属図書館ホームページ．幕末尾張の本草学．http://www.med.nagoya-u.ac.jp/medlib/siryou/siryou-2.html
・ 小野蘭山　1803.　本草綱目啓蒙.（平凡社，1991 復刻，東洋文庫540）.
・ 大場秀章　1997.　江戸の植物学．217pp. 東京大学出版会，東京.
・ 島田充房・小野蘭山　1765.　花彙.（八坂書房，1977 復刻，生活の古典双書19, 20）.
・ シーボルト，斉藤　信訳　1967.　江戸参府紀行．東洋文庫87．347pp.,平凡社，東京.
・ 尚学図書編　1991.　木の手帖．214pp.，小学館，東京.
・ 杉本つとむ　1985.　江戸の博物学者たち．375pp.，青土社，東京.
・ 上野益三　1987.　日本動物学史.．544pp.，八坂書房，東京.
・ 山口隆男・加藤僖重　1998.　「フローラ・ヤポニカ」において紹介された植物の標本類．*Calanus* (Bulletin of the Aitsu Marine Biological Station, Kumamoto University) Special Number 2 : 21-435.
・ 山本亡羊　1839.　百品考.（科学書院，1983 復刻）.

6章
・ 岩崎灌園　1828.　本草図譜（春陽堂書店，1979 復刻）.
・ Nakanishi, H. 1985.　Geobotanical and ecological studies on three semi- mangrove plants in Japan. *Jap. J. Ecol.* 35 : 85-92.
・ 中西弘樹　1981.　ハマナツメ群落の分布と生態．植物分類地理32 : 105-113.
・ 中西弘樹　1987.　日本におけるグンバイヒルガオとハマナタマメの分布と海流散布.　植物地理・分類研究35 : 21-26.
・ 中西弘樹　1996.　九州西廻り分布植物 : 定義，構成，起源．植物分類地理47 : 113-124.
・ 中西弘樹　1997.　海岸の植物．日本野生植物館（奥田重俊編著）.pp.194-223. 小学館，東京.
・ 小野蘭山　1803.　本草綱目啓蒙.（平凡社，1991 復刻，東洋文庫540）.

7章
・ 阿部秋生・秋山　虔・今井源衛・鈴木日出男訳　1999.　源氏物語3　新編日本古典文学全集22.　小学館，東京.
・ 後藤重雄校注　1982.　山家集．新潮社，東京.
・ 長谷川正春・今西祐一郎・伊藤　博・吉岡　曠校注　1989.　新日本古典大系24. 土佐日記・蜻蛉日記・紫式部日記・更級日記．岩波書店，東京.
・ 伊藤　敬・荒木　尚・稲田利徳・林　達也校注　1990.　新日本古典文学大系47. 中世和歌集　室町篇. 岩波書店，東京.
・ 松尾　聡・永井和子校注　1997.　新編日本古典文学全集18．枕草子．小学館，東京.
・ 三谷栄一・三谷邦明・稲賀啓二訳　2000.　新編日本古典文学全集17. 落窪物語・堤中納言物語. 小学館，東京.
・ 中野幸一校注・訳　2001.　うつほ物語．新編日本古典文学全集15．小学館，東京.
・ 高野義夫　1978.　万葉集仙覚抄・万葉集名物考他二篇．万葉集古注釈大成．日本図書センター，東京.
・ 松田　修　1971.　記紀の植物．植物と文化．創刊号 pp.15-49.
・ 山田卓三・中嶋信太郎　1995.　万葉植物事典「万葉植物を読む」　北隆館，東京.
・ 湯浅浩史　源氏物語に関するエッセイ・論文集.
http://www.iz2.or.jp/essay/7-1.htm

- Nakanishi, H. 1985. Geobotanical and ecological studies on three semi- mangrove plants in Japan. *Jap. J. Ecol.* 35 : -92.
- Nakanishi, H. 1988. Dispersal ecology of the maritime plants in the Ryukyu Islands, Japan. *Ecological Reserach* 3 : 163-173.
- Nakanishi, H. 2000. Distribution and ecology of the semi-mangrove, *Hibiscus hamabo* community in western Kyushu, Japan. *Vegetation Science*, 17 : 81-88.
- 中西弘樹　1979. ハマボウ群落の分布と生態. 植物分類地理30 : 169-179.
- 中西弘樹　1996. 九州西廻り分布植物：定義，構成，起源. 植物分類, 地理47 : 113-124.
- 中西弘樹　2001. ハマボウの地域別個体数と生育状況．奥田重俊先生退官記念論文集「沖積地植生の研究」pp.37-46., 横浜国立大学，横浜.
- 中西弘樹・岩城太郎・川良奈緒美　2003. 長崎市に野生化しているフヨウについて．長崎県生物学会誌(56) : 7-11.
- Nakanishi, H. and Kawara-Kiyoura, N. 2004. Reproductive biology of *Hibiscus hamabo* Siebold et Zucc. (Malvaceae). *Jour. Phytogeo. & Taxon*. 52 : 47-56.
- 中西弘樹・金　文洪・金　哲洙　2004. 韓国済州島におけるハマボウとハマナツメの分布と生態．長崎大学教育学部紀要　自然科学　(71) : 1-10.
- 中西弘樹・中西こずえ・岩城太郎　2006. サキシマフヨウの花の形質と変異、特にフヨウとの比較において．植物地理分類研究54 : 27-33.
- 大井次三郎　1965. 改訂新版日本植誌　顕花篇．1560pp., 至文堂，東京.
- 杉本順一　1984. 静岡県植物誌．814pp., 第一法規出版，東京.
- Smith, A C. 1981. *Flora Vitiensis Nova. A New Flora of Fiji*. vol. 2. 810pp., Honolulu, Hawaii.
- 田中　肇　1991. 昆虫は何色の花を訪れるか. インセクタリウム28 : 356-360.
- Tansley, A. G. & Fritsch, F. E. 1905. Sketsches of vegetation at home and abroad. 1. The flora of the Ceylon Littoral. *New Phytol*. 4 : 1-17, 27-55.
- Waalker, van Borssum, J. 1966. Malesian Malvaceae Revised. *Blumea* 14 : 1-251.

・ 中西弘樹　1994.　種子はひろがる　種子散布の生態学．255pp., 平凡社，東京．
・ Ridley, H.N. 1930. The Dispersal of Plant throughout the World. Reeve, Ashford.

4章

・ Hannibal, L. S. A systematic review of the genus *Crinum* (Amaryllidaceae). http://www.crinum.org/review. html
・ Koshimizu, T. 1938. On the "Crinum Line" in the Flora of Japan. *Bot. Mag.*52 : 135-139.
・ 小清水卓二　1951.　ハマオモト雑記．南紀生物２：146-148.
・ 小倉彦一　1958.　はまおもとの分布並びに発芽と生育・培養．和歌山大学学芸学部紀要（自然科学）８：38-41.
・ 正宗厳敬　1956.　植物地理学新考．北隆館，東京．
・ 中西弘樹　1980.　ハマオモト群落の生態．日本生態学会誌30：251-257.
・ 大谷　茂　1974.　はまおもと．横須賀市博物館雑報(20) : 69-76.
・ 吉田　稔　1972.　ハマオモトおよびハマオモトヨトウ．愛媛の生物（愛媛県高等学校教育研究会理科教育部会編）pp.60-62.，松山.

5章

・ De Kandolle, A. 1883. *Origins des plantes cultivees* (*Origin of Cultivarted Plants*). 2nd. ed., Paris.
・ ヘイエルダール,T.（関　楠生訳）1976.　海洋の道－考古学的冒険. 316pp., 白水社，東京.
・ 工藤　洋・可知直毅　1997.　小笠原諸島父島におけるオオハマボウ（*Hibiscus tiliaceus* L.）自然集団の分布.　小笠原研究年報21：56-60.
・ 工藤　洋・可知直毅・大井哲雄・加藤英寿　2001.　小笠原固有種モンテンボクの種分化過程と海洋島における種子散布能力の喪失.　第48回に本生態学会講演要旨集．p.98.，熊本.
・ 常谷幸雄・大場秀章　1984.　西南に本に自生するサキシマフヨウ（新称）について.植物研究雑誌59 : 214-222.
・ 南　敦ほか　2001.　やないの名木－二十一世紀に残したいふるさと. 236pp.,　柳井市，柳井.

引用文献

1章

・ Japan Environmental Action Network・クリーンアップ全国事務局 2007. クリーンアップキャンペーン2006. REPORT.
・ 加藤祐三 1882. 琉球列島西表海底火山に関する資料. 琉球列島の地質学研究6 : 49-58.
・ 中西弘樹・由比良雄 2007. 2006年夏の長崎県沿岸における流木・その他の大量漂着. 漂着物学会誌5 : 33-38.
・ 道田 豊 1999. 海面を漂うセンサーの大航海～漂流ブイが示す太平洋・インド洋の表面海流像～. 水路新技術講演集10 : 1-6.
・ 道田 豊・石井春雄 1993. 漂流ブイによる海洋循環の観測. 海洋号外(4) : 115-122.
・ 竹内能忠 1978. 黒潮. 126pp., 海洋出版, 東京.

2章

・ 岩崎灌園 1828. 本草図譜（春陽堂書店, 1979 復刻）.
・ 石井 忠 1999. 新編漂着物事典. 391pp. 海鳥社, 福岡.
・ 中西弘樹 1983. 熱帯植物の散布体の漂着. 海洋と生物5 : 57-61,119-123.
・ 中西弘樹 1983. 種子の漂着と考古学. 鳥浜貝塚研究グループ編. 鳥浜貝塚－縄文前期を主とする低湿地遺跡の調査3. pp.28-35. 福井県教育委員会・福井県立若狭歴史民俗資料館, 小浜.
・ 中西弘樹 1999. 漂着物学入門. 211pp., 平凡社, 東京.
・ 小野蘭山 1803. 本草綱目啓蒙.（平凡社, 1991 復刻, 東洋文庫540）.
・ 中西弘樹 1985. ヤシの実はいずこから－黒潮が運ぶ植物の分布をさぐる. アニマ(151) : 22-26.

3章

・ Gunn, C.R. & Dennis, J. V. 1976. World Guide to Tropical Drift Seeds and Fruits. The New York Times Book C., New York.
・ 中西弘樹 1984. 海流散布植物とその分布圏の意義. 地球6 : 113-119.
・ 中西弘樹 1990. 海流の贈り物 漂着物の生態学. 254pp., 平凡社, 東京.

【タ　行】

【ナ　行】

【ハ　行】

【カ　行】

【サ　行】

植物名索引

（数字は頁を示す）

【ア　行】

中西弘樹（なかにし・ひろき）
名古屋市生まれ。広島大学大学院理学研究科博士課程修了。理学博士。長崎女子短期大学などを経て、現在、長崎大学教育学部教授。専攻は植物生態学。環境省の希少野生動植物種保存推進員、長崎県環境審議会委員、長崎県文化財保護審議会委員、長崎県環境影響評価審査会委員などを務める。
著書に『海流の贈り物 －漂着物の生態学』『種子はひろがる －種子散布の生態学』『漂着物学入門 －黒潮のメッセージを読む』（以上すべて平凡社）、『日本野生植物館』（共著、小学館）などがある。

海から来た植物 —黒潮が運んだ花たち—

2008年 6月25日　初版第１刷発行

著　　者　中　西　弘　樹
発 行 者　八　坂　立　人
印刷・製本　(株)シ　ナ　ノ

発 行 所　(株)八 坂 書 房
〒101-0064　東京都千代田区猿楽町1-4-11
TEL.03-3293-7975　FAX.03-3293-7977
URL.：http://www.yasakashobo.co.jp

ISBN 978-4-89694-911-7